彩图 1　马铃薯早疫病叶片症状

彩图 2　马铃薯早疫病块茎症状

彩图 3　马铃薯晚疫病叶片症状

彩图 4　马铃薯晚疫病茎秆症状

彩图 5　马铃薯晚疫病块茎表面症状

彩图 6　马铃薯晚疫病块茎内部症状

彩图 7　马铃薯黑痣病植株症状

彩图 8　马铃薯黑痣病块茎症状

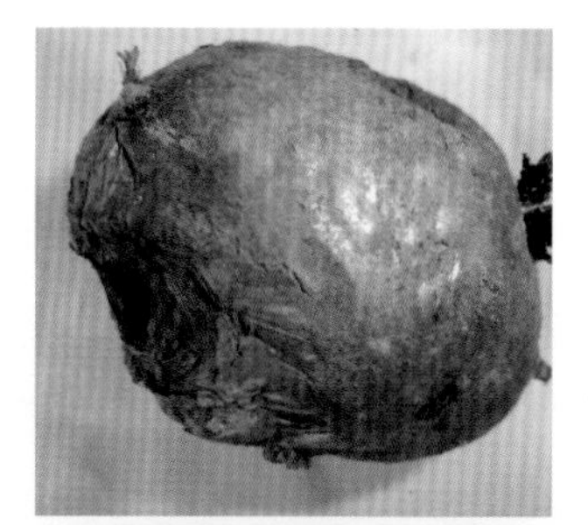

彩图 9　马铃薯干腐病块茎表面症状

彩图 10　马铃薯干腐病块茎内部症状

彩图 11　马铃薯疮痂病块茎症状（一）

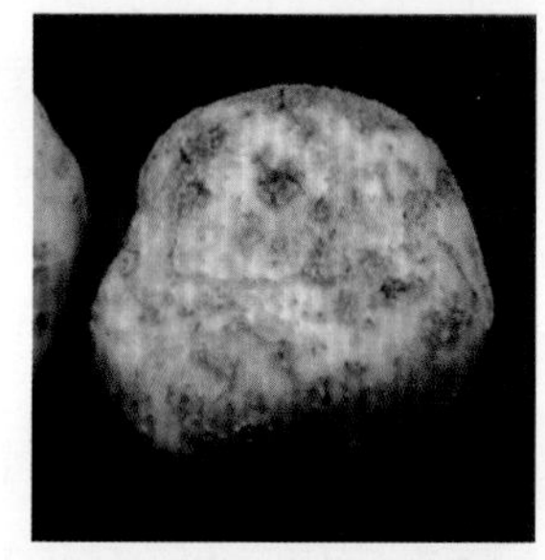

彩图 12　马铃薯疮痂病块茎症状（二）

彩图 13　马铃薯环腐病植株症状

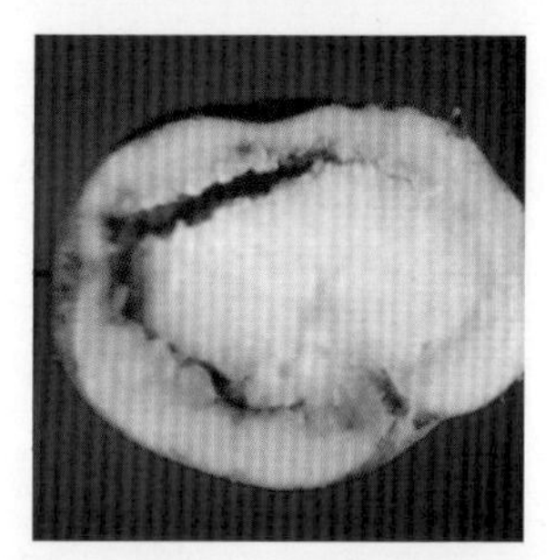

彩图 14　马铃薯环腐病块茎症状

彩图 15　马铃薯黑胫病植株症状

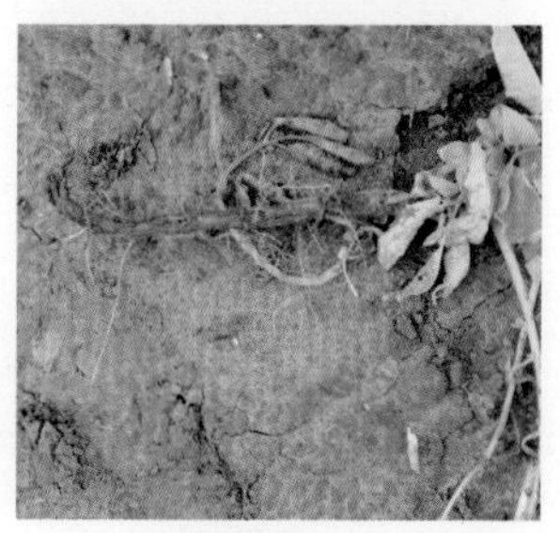

彩图 16　马铃薯黑胫病地下茎症状

彩图 17　马铃薯块茎二次生长

彩图 18　马铃薯块茎空心

彩图 19　马铃薯块茎青头

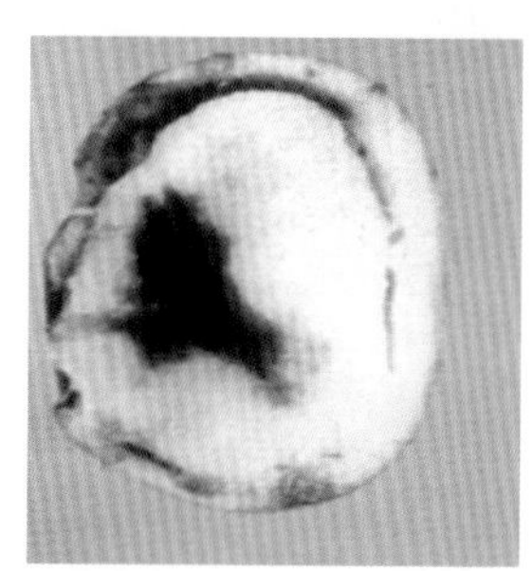
彩图 20　马铃薯块茎黑心

彩图 21　蚜虫（一）

彩图 22　蚜虫（二）

彩图 23　28 星瓢虫成虫

彩图 24　28 星瓢虫幼虫

健康植株

卷叶型退化植株

彩图 25　马铃薯健康植株与卷叶型退化植株对比

彩图 26　马铃薯轻花叶病

彩图 27　马铃薯重花叶病

彩图 28　类病毒植株矮化上竖

彩图 29　类病毒块茎呈纺锤形，有裂口

马铃薯高效栽培

主　编　张丽莉　魏峭嵘

副主编　崔太华　邱彩玲

参　编　周长军　王云龙　罗文彬
　　　　王立春　徐学谱　武新娟

主　审　卢翠华

机 械 工 业 出 版 社

本书由九章组成，主要内容包括发展马铃薯生产的意义、马铃薯的形态特征及生物学特性、马铃薯优良品种的选用及品种介绍、马铃薯栽培技术、马铃薯主要病虫害诊断及防治技术、马铃薯病毒性退化与脱毒种薯的生产、马铃薯特殊种植方式、有机马铃薯栽培技术及马铃薯高效栽培实例。本书内容丰富，图文并茂，配有“提示”“注意”等小栏目，并给出的马铃薯高效栽培实例，可以帮助读者更好地掌握马铃薯栽培技术要点。

本书可供从事马铃薯生产的种植户及从事马铃薯加工、推广的科技人员使用，也可供农业院校相关专业师生学习参考。

图书在版编目（CIP）数据

马铃薯高效栽培/张丽莉，魏峭嵘主编．—北京：机械工业出版社，2016.9（2023.1重印）
（高效种植致富直通车）
ISBN 978-7-111-54231-5

Ⅰ.①马…　Ⅱ.①张…②魏…　Ⅲ.①马铃薯－高产栽培　Ⅳ.①S532

中国版本图书馆CIP数据核字（2016）第155601号

机械工业出版社（北京市百万庄大街22号　邮政编码100037）
总 策 划：李俊玲　张敬柱　策划编辑：高　伟　郎　峰
责任编辑：高　伟　郎　峰　责任校对：王　欣
责任印制：李　飞
三河市骏杰印刷有限公司印刷
2023年1月第1版第4次印刷
140mm×203mm·6.625印张·2插页·180千字
标准书号：ISBN 978-7-111-54231-5
定价：29.80元

电话服务
客服电话：010-88361066
010-88379833
010-68326294

网络服务
机　工　官　网：www.cmpbook.com
机　工　官　博：weibo.com/cmp1952
金　书　网：www.golden-book.com
机工教育服务网：www.cmpedu.com

高效种植致富直通车
编审委员会

序

园艺产业包括蔬菜、果树、花卉和茶等，经多年发展，园艺产业已经成为我国很多地区的农业支柱产业，形成了具有地方特色的果蔬优势产区，园艺种植的发展为农民增收致富和“三农”问题的解决做出了重要贡献。园艺产业基本属于高投入、高产出、技术含量相对较高的产业，农民在实际生产中经常在新品种引进和选择、设施建设、栽培和管理、病虫害防治及产品市场发展趋势预测等诸多方面存在困惑。要实现园艺生产的高产高效，并尽可能地减少农药、化肥施用量以保障产品食用安全和生产环境的健康离不开科技的支撑。

根据目前农村果蔬产业的生产现状和实际需求，机械工业出版社坚持高起点、高质量、高标准的原则，组织全国 20 多家农业科研院所中理论和实践经验丰富的教师、科研人员及一线技术人员编写了“高效种植致富直通车”丛书。该丛书以蔬菜、果树的高效种植为基本点，全面介绍了主要果蔬的高效栽培技术、棚室果蔬高效栽培技术和病虫害诊断与防治技术、果树整形修剪技术、农村经济作物栽培技术等，基本涵盖了主要的果蔬作物类型，内容全面，突出实用性，可操作性、指导性强。

整套图书力避大段晦涩文字的说教，编写形式新颖，采取图、表、文结合的方式，穿插重点、难点、窍门或提示等小栏目。此外，为提高技术的可借鉴性，书中配有果蔬优势产区种植能手的实例介绍，以便于种植者之间的交流和学习。

丛书针对性强，适合农村种植业者、农业技术人员和院校相关专业师生阅读参考。希望本套丛书能为农村果蔬产业科技进步和产业发展做出贡献，同时也恳请读者对书中的不当和错误之处提出宝贵意见，以便补正。

中国农业大学农学与生物技术学院

马铃薯（*Solanum tuberosum* L.）是茄科茄属一年生草本植物，因生产上用它的块茎进行无性繁殖，故又可视为多年生植物。马铃薯在我国既是粮菜兼用作物，又是重要的经济作物，具有适应性强、产量高、加工链长的特点，在提供营养全面的食品、保障粮食安全、帮助农民脱贫致富、促进冬作农业发展等方面发挥着巨大的作用。

马铃薯起源于南美洲安第斯山山区，在原产地栽培历史悠久，16 世纪末 17 世纪初传入我国，并得到了快速发展。目前我国马铃薯的种植面积和总产量居世界之首。2014 年栽培面积为 681.77 万 ha，总产量 12722.6 万 t，单产 18.66t/ha。广大科研和生产人员经过不懈努力，使得我国马铃薯在育种、栽培及产业加工方面取得了长足进展。但是我国马铃薯单产水平较低，与发达国家相比还有很大差距，并且不同地区单产水平差距较大，这需要我们不断完善栽培方式、提高管理质量，以提升我国马铃薯单产水平。

为了适应快速兴起的马铃薯产业，编者本着先进实用、通俗易懂的原则，编写了《马铃薯高效栽培》一书，总结阐述了当前的各种先进栽培技术和多种栽培模式、优良品种的选择、病虫害防治等热点问题，力求为广大马铃薯种植者及相关技术人员提供有价值的参考和技术支持。

本书分为九章，主要阐述了发展马铃薯生产的意义、马铃薯的形态特征及生物学特性、马铃薯优良品种的选用及品种介绍、马铃薯栽培技术、马铃薯主要病虫害诊断及防治技术、马铃薯病毒性退化与脱毒种薯的生产、马铃薯特殊种植方式、有机马铃薯栽培技术及马铃薯高效栽培实例。张丽莉编写了第一章、第三章、第六章和第七章，魏峭嵘编写了第二章和第四章，邱彩玲、周长军编写了第五章，崔太华、王云龙、罗文彬和徐学谱编写了第八章，王立春、武新娟编写了第九章。全书由张丽莉、魏峭嵘统稿，卢翠华主审。

在本书编写过程中，参考了大量的文献资料，在此向各位作者表示感谢。由于时间和水平有限，不当之处在所难免，恳请广大读者给予指正和谅解。

编　者

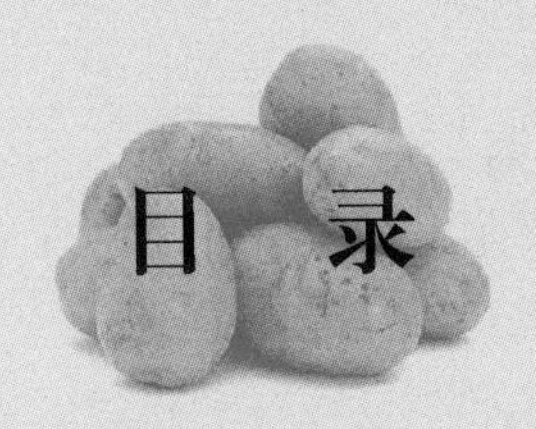

目 录

第四章 马铃薯栽培技术

第五章 马铃薯主要病虫害诊断及防治技术

第六章 马铃薯病毒性退化与脱毒种薯的生产

第七章　马铃薯特殊种植方式

第八章　有机马铃薯栽培技术

第九章　马铃薯高效栽培实例

附录 常见计量单位名称与符号对照表

参考文献

——第一章——

发展马铃薯生产的意义

马铃薯在植物分类中为茄科茄属，是一年生草本块茎植物，因生产上用它的块茎进行无性繁殖，故又可视为多年生植物。马铃薯的老家在南美洲安第斯山山区，它在当地有着很悠久的栽培历史。早在新石器时代，安第斯山山区居住的印第安人便将马铃薯作为生活中的主食，马铃薯的丰歉直接影响他们的生死存亡。因此，印第安人把马铃薯尊奉为“丰收之神”，经常祭祀祈求。到16世纪中期，哥伦布发现美洲大陆以后，马铃薯被传到欧洲，并很快得以发展，成为北欧人民的主要食物之一。此后，以欧洲为传播中心，马铃薯开始向世界各地传播。

马铃薯传入我国的时间，据资料介绍是在明朝万历年间，距今只有400余年。虽然马铃薯在我国是一种年轻的作物，但由于马铃薯适应性强、增产潜力大、抗灾能力强、早熟、易于种植，更重要的是，它既能作粮食，又能作蔬菜，营养价值高，因而迅速成为我国人民喜食的农作物，扎根于全国各地。在我国不同的地方，人们对马铃薯有不同的称呼，东北和华北地区大都称其为土豆，在西北和西南地区多称之为洋芋，山西省和内蒙古自治区则称之为山药蛋，还有的地方叫它地豆、山药、洋山药、土卵、地蛋、番芋等。从不同地方的名字就可以看出，马铃薯在我国分布十分广泛，从南到北，从东到西都有种植。

一 种植马铃薯的优势

马铃薯是我国第五大粮食作物，过去为解决农民的温饱问题发挥了关键作用，而未来的马铃薯产业发展仍将对保障我国粮食安全、促进农业现代化、发展区域经济等均具有重要的意义。种植马铃薯主要有以下几个优势：

1. 马铃薯是一种适应性广，抗灾能力强，容易栽培的作物

马铃薯高度适应各种气候环境及土壤，从阿根廷南部的南纬50°到挪威北部的北纬70°，从接近海平面的地方到海拔4000m左右的南美高山和青藏高原都可种植，尤其喜欢在冷凉、昼夜温差较大的气候条件下生长和结薯。马铃薯喜欢微酸性土壤，土壤pH为4.8~7.1时，都能生长，即使在盐碱地，土壤经过一定的处理和改良后，马铃薯也能健壮生长。

马铃薯早熟，抗灾能力强，农民都叫它“铁杆庄稼”，只要种上，多少都会有收成。因其收获器官在地下生长，受到土壤的保护，使它具有耐旱、耐寒、耐贫瘠的特点，冰雹、冷害、冻害等自然灾害不会使其绝收。另外，其茎叶再生能力强，遭遇轻霜还可重新发棵、结薯。

马铃薯有良好的农艺性状，适合各种栽培制度，可春作、秋作、冬作，播种方式也有平播、垄播，近几年我国南方还有免耕法的栽培方式；还可以利用其矮秆、早熟、喜欢冷凉、容易种植等特性，积极推广与粮、棉、果树、蔬菜、药材等多种农作物间作套种，不仅合理地利用了不同层次土壤中的养分和水分，也合理地利用了空间、时间、地热和光能资源，在有限的土地上获得较高的产量。

2. 马铃薯的产量高，增产潜力大

马铃薯亩（1亩≈667m^2）产量一般为1500~2250kg，高产的可达3000~5000kg。按所产的干物质计算，马铃薯比其他粮食作物单位面积的干物质产量高2~4倍；若以所产的淀粉量为标准，在主要粮食作物中很少有一种作物能与马铃薯相比。

3. 马铃薯营养价值高，有利于改善人们的膳食结构

马铃薯由于营养丰富，制作和食用方法多种多样，受到了全世界人民的高度欢迎。新鲜马铃薯含有 76% ~85% 的水分和 15% ~24% 的干物质，它的营养物质都存在于干物质中，淀粉及糖类占鲜重的 13.9% ~21.9%，蛋白质占 1.6% ~2.1%。此外，马铃薯所含的维生素种类也很多，还含有铁、磷、钾、钙等营养元素，以及一定数量的脂肪和粗纤维。

马铃薯不但营养物质齐全，而且结构合理，尤其是蛋白质的分子结构与人体的蛋白质分子结构基本一致，极易被人体吸收利用。美国农业部门曾对马铃薯做出这样的评价："每餐只吃全脂奶粉和马铃薯，便可得到人体所需的一切营养元素。"所以，一些国家又给马铃薯送了许多美称，如"地下苹果""第二面包""珍贵作物"等，可以说"马铃薯是十全十美的全价食物。"其主要营养物质如下：

(1) 蛋白质 马铃薯鲜块茎中蛋白质含量一般为 1.6% ~2.1%，高蛋白质品种含量可达 3% 以上，其蛋白质与动物蛋白相近，可以与鸡蛋媲美，极易消化吸收，并且组成蛋白质的氨基酸种类丰富，含有人体所需要的各种必需氨基酸。

(2) 脂肪 马铃薯块茎的脂肪含量极低，一般在 0.1% 左右，是典型的低脂肪食品。

(3) 糖类 马铃薯块茎中含有单糖（还原糖，包括蔗糖和果糖）和多糖（淀粉，包括直链淀粉和支链淀粉），一般含量为 13.9% ~21.9%，其中淀粉占 85% 左右，也就是说，大多数马铃薯品种块茎中的淀粉含量为 11.8% ~18.6%。还原糖在油炸时容易发褐，故其含量是马铃薯油炸加工专用品种的一个重要指标。另外，块茎中还含有 0.6% ~0.8% 的粗纤维，也称膳食纤维，其含量是小米、大米和面粉的 2 ~14 倍。

(4) 矿物质 马铃薯块茎中含有较多的钾、钙、磷、铁等成分，还含有镁、硫、氯、硅、钠、硼、锰、锌和铜等人和动物必需的营养元素。马铃薯的矿物质多呈碱性，这是一般蔬菜所不及的，故马铃薯为碱性食品，可中和酸性食品（大米、白面、动物

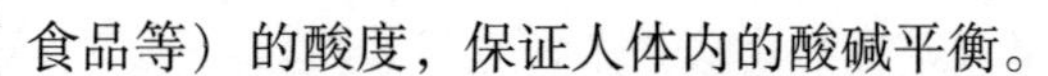

食品等）的酸度，保证人体内的酸碱平衡。

（5）维生素 马铃薯含有多种维生素，这是其他作物所不及的，如维生素 C、胡萝卜素（维生素 A）、硫胺素（维生素 B_1）、核黄素（维生素 B_2）、泛酸（维生素 B_5）、烟酸（维生素 B_3）等，其中以维生素 C 的含量最多。一个成年人每天吃 500g 马铃薯，即可满足体内对维生素 C 的全部需要量。这就是为什么我国高寒地区人们在冬季缺乏蔬菜水果的情况下，长期食用马铃薯仍能保持身体健康的重要原因。

（6）花青素 最近研究表明，紫色马铃薯（也称为黑色马铃薯）含有较高的花青素（有人称花青素是人类继水、蛋白质、脂肪、碳水化合物、维生素、矿物质之后的第七大必需营养素），它是一种强有力的抗氧化剂，可清除自由基的危害，其效率远高于维生素 C 和维生素 E。花青素还能增强血管弹性，改善循环系统和增进皮肤的光滑度，抑制炎症和过敏，改善关节的柔韧性，特别能帮助预防多种与自由基有关的疾病，包括癌症、心脏病、过早衰老、关节炎等。

马铃薯所含物质中也有不尽人意的地方，就是马铃薯块茎含有一种叫作龙葵素的生物碱，这种生物碱的含量因品种而异。现在推广应用的品种，在正常收获和保存的条件下，块茎中龙葵碱的含量均很低，对食用品质没有影响。但是，当块茎长时间暴露在光照条件下，或当块茎开始发芽时，其龙葵素的含量显著增加，此时已不宜食用。

4. 马铃薯用途广泛，经济效益好

马铃薯具有多种用途，既是粮又是菜，在生育期较短的北方和高寒山区，人们以马铃薯和玉米为主食。马铃薯相比其他蔬菜来说耐贮运，对调节淡季的蔬菜供应起着重要作用。随着人们对马铃薯营养价值认识的加深，“只有穷人才吃马铃薯”的偏见逐渐被改变了。因此，无论在餐桌食品中，还是在消闲食品中，马铃薯都占有一定的位置。

马铃薯的营养价值高，是发展畜牧业的优质饲料，不仅块茎可以做饲料，其茎叶还可做青贮饲料和青饲料。用它喂养畜禽，可以增加肉、蛋、奶的转化。除此之外，马铃薯的茎叶又是极好的绿肥，茎叶鲜嫩多汁，入土后容易腐烂转化，肥效快。

在工业加工上，马铃薯淀粉及其衍生物以自身独有的特性成为纺织业、造纸业、化工、建材等许多领域的优良添加剂、增强剂、黏合剂及稳定剂；在医药制造业中，可以生产酵母、多种酶、维生素、人造血浆及药品的添加剂等；在食品工业中，可加工成油炸薯条、薯片及膨化食品，加工后的经济效益十分可观。

因此种植马铃薯，无论是对解决高寒贫困地区农民的脱贫问题，还是对实现发达地区农民的致富愿望，都具有非常重要的意义。

二 我国马铃薯生产的现状

1. 种植面积和产量持续增加

马铃薯是我国继水稻、小麦、玉米、大豆之后的第五大粮食作物。我国的马铃薯种植面积和总产量均居世界第一。根据《中国农业年鉴》中对马铃薯的统计数据，2014 年我国马铃薯种植面积约 681.77 万 ha，总产量为 12722.6 万 t。其中，总产量超过 1000 万 t 的省份分别为四川、贵州和甘肃。

2. 平均单产水平较低，但稳定增长

我国马铃薯生产在种植面积和总产量持续增加的同时，平均单产稳定缓慢增长，但幅度较小，单产水平较低。据《中国农业年鉴》统计数据，2014 年平均单产为 18.7t/ha，达历史最高水平，但仍低于世界的平均水平 19.4t/ha。由于各地生产条件、经营管理水平的不同，我国不同省份马铃薯产量差异较大。山东、吉林和西藏的平均单产均在 30t/ha 以上，其中山东的平均单产高于 37.5t/ha，接近世界先进水平，黑龙江、河南、新疆、青海和广东的平均单产在 20 ~ 27t/ha 之间，其余省份均低于 20t/ha，尤其是内蒙古、贵州、陕西、河北、宁夏、山西、湖北和云南等主产省份的单产都低于全国平均水平。

马铃薯单产水平低的主要原因首先是种植技术问题。马铃薯主产区多集中在自然环境较差、土地贫瘠、无灌溉条件的地区，易遭干旱、霜冻等自然灾害和真菌、细菌、害虫等生物灾害，绝大多数地区生产管理方式粗放，生产规模小，机械化程度低。其次，种薯质量差也限制了我国马铃薯单产水平的提高。另外，我国不是马铃薯起源国，品种资源相对匮乏，资源改良和重要性状遗传研究滞后，育种缺乏优质亲本，育种规模小，难以育成突破性品种。

3. 分布区域广，主产区集中

马铃薯在我国生产范围很广。东北、西北、华北北部的一季作生产区，主要包括河北、山西和陕西北部，以及内蒙古、吉林、黑龙江、宁夏、甘肃、青海和新疆等省（区）。该区域是我国最大的马铃薯产区，其气候光照等适合马铃薯生长，是主要的种薯和淀粉加工用原料产区。

辽宁、河北、山西和陕西四省的南部，湖北、湖南二省的东部，以及河南、山东、江苏、浙江、安徽、江西诸省为二季作生产区，该区地理跨度较大，主要生产出口和菜用商品薯。马铃薯为早春蔬菜作物，与棉花、玉米等作物间套作，提高了复种指数，而且供应淡季上市，增加了产值。该区域种植技术水平高，尤其近年来利用大棚、拱棚、地膜覆盖等设施和保护性栽培措施，使种植面积增加，提前和拉长了上市时间，单位面积产量和产值高，效益好，已成为农村致富的重要途径。

华东南部和华南大部，主要包括广东、广西和福建的大部，马铃薯作为冬季作物，大部分利用水稻田等其他作物的冬闲田种植，因与主产季节错季上市，因此价格较高，鲜薯出口也获得了极大的经济效益，近年来种植面积大幅度增加。

西南山区混作生产区是周年生产，主要包括云南、贵州、四川、重庆、西藏等省（区、市），湖南、湖北西部地区。由于西南地区气候的区域差异和垂直变化十分明显，生态类型丰富，一年四季均可种植马铃薯，目前已初步形成周年生产和供应。

马铃薯虽然种植区域很广，但主产区比较集中，甘肃、四川、内蒙古、贵州、云南、山东、黑龙江和重庆等主产省份的产量之和占全国总产量的71%，其中，甘肃、四川、内蒙古和贵州的产量均占全国总产量的10%以上。

三 我国马铃薯生产发展展望

水稻、玉米、小麦是我国传统的三大粮食作物，近几年保持了较高的单产记录，但在耕地面积持续下降、北方水资源缺乏和极端天气增多的情况下，在今后的20年达到大幅度的增产是对农业科学技术的严峻挑战。而马铃薯具有高产潜力大、适应性广、营养平衡等优点，可以在保证我国未来粮食安全和抵御自然灾害方面发挥重要作用。

2. 马铃薯生产具有大幅度增加单产，扩大种植面积的潜力

我国目前是世界上种植马铃薯面积最大的国家，总面积占全球种植面积的1/4左右，总产量占世界总产量的1/5，但平均单产水平较低，是发达国家的1/3~1/2，因此随着农业科学技术的发展，我国在单产方面还有很大的提升空间。另外由于马铃薯生长期较短，我国南方数亿亩的冬闲水稻田中一部分可以种植一季马铃薯而不影响水稻生产，故在增加种植面积方面有较大的潜力。

3. 国内需求将不断增加

目前我国马铃薯最主要的消费方式仍是鲜薯菜用，部分地区当作主食，很少的部分以加工的形式消费。由于我国有着较大的人口基数，随着居民收入水平的提高，人们对马铃薯加工产品的消费也将大大增加。

（1）鲜薯 随着农村人口的减少、城市人口的不断增加，作为蔬菜的马铃薯消费量将继续增加。

（2）精淀粉 作为工业和食品加工用原料，目前我国马铃薯精淀粉需求量每年在50万~60万t，并有逐年增加的趋势。如果能把马铃薯淀粉经深加工转化为变性淀粉，我国对马铃薯的需要

量将更大。

（3）薯片、薯条等休闲食品　随着我国经济的发展，越来越多的人，特别是青少年，都接受了薯片、薯条等休闲食品。例如速冻薯条，在欧美国家，马铃薯总量的30%～40%是以这种方式消费的，而我国目前仅在西式快餐中采用得较多，因此这方面的增加潜力巨大。

（4）全粉　脱水的马铃薯制品如全粉等产品将广泛应用于食品加工，如婴儿食品、土豆泥和小吃等。目前我国这类食品还存在很大的发展空间。

（5）符合我国饮食习惯的马铃薯食品　如粉条、粉皮、粉丝、面条、面包和切片，也将会增加。

4. 国家惠农政策将促进马铃薯产业的发展

自2006年以来，我国各级政府对马铃薯产业发展给予前所未有的重视，出台了很多促进产业发展的政策。

2006年，农业部出台了《农业部关于加快马铃薯产业发展的意见》，提出了具体的发展目标，并成立马铃薯生产专家指导组。2008年，我国发布了《马铃薯优势区域布局规划》（2008—2015年），提出了中长期发展目标：到2015年，优势区马铃薯播种面积达到733万ha，占全国总面积的91.7%；产量达到1.39亿t，占全国的92.7%。建成高产高效的良种繁育体系和完善的种薯质量控制体系，脱毒种薯面积占总种植面积的50%以上，专用薯面积和订单面积分别占20%和30%以上，加工比例达到25%，贮藏损失率控制在10%以下。

2009年国务院常务会议通过了马铃薯原种繁育补贴意见，从2010年开始对马铃薯原种生产进行补贴，农业综合开发种薯基地建设项目在各主产区建设了种薯基地。

2010年在“中央1号文件”中，明确提出要“扩大马铃薯补贴范围”。另外农机补贴和贮藏库（窖）补贴促进了机械化发展和贮藏库建设，给薯农带来了实惠，极大地促进了农民种植马铃薯的积极性。

第二章
马铃薯的形态特征及生物学特性

第一节　马铃薯的形态特征

与其他一年生草本植物一样，马铃薯的植株由根、茎、叶、花、果实和种子组成。在形态上与其他植物不同的是，它还具有块茎，而且是其重要的经济器官（图2-1）。在生长发育上与大多

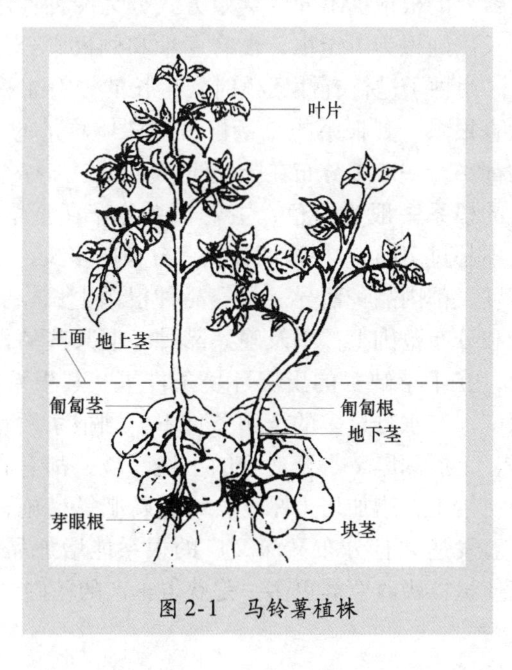

图2-1　马铃薯植株

数农作物不同的是它即使没有开花和结实这两个关键过程，也能获得很好的收成和收益。在种子的来源上，马铃薯也与其他作物有很大的差别，农业生产中普遍使用的种子称为种薯，也就是用块茎这个贮藏器官进行无性繁殖；马铃薯也可以用开花结果后得到的种子（植物学上真正的种子，称之为实生种子）进行繁殖，这种繁殖方式主要用于马铃薯育种，少量用于农业生产。

马铃薯的形态特征与经济性状是密不可分的，如早熟品种的茎秆一般比较矮小；晚熟品种的茎秆多数高大粗壮；分枝多的品种往往薯块结的多而小；块茎皮孔大而周围组织疏松的品种，常易感染病害。只有充分了解马铃薯品种的形态结构及特征特性，才能确定它们在农业生产上的利用价值，并且对于从事农业生产实践也具有一定的指导意义。

一 根

马铃薯的根系是吸收营养和水分的器官，同时具有固定植株的作用。马铃薯的根依据不同的繁殖方式分为两种：用块茎进行无性繁殖所长出的根为不定根，没有主根和侧根之分，称为须根系(图2-2)。用种子进行有性繁殖时，生长的根有主根和侧根的分别，称为直根系。其根系的总量仅占植株体总量的1%～2%，比其他作物都小，一般多分布在土壤浅层。

马铃薯的根系一般为白色，主要根系分布在土壤表层30cm左右，多数不超过70cm。根系的数量，分枝的多少，入土的深度和分布的广度，都因品种而异。早熟品种根系生长较弱，入土较浅，在数量和分布范围上都不及晚熟品种。但某些品种能依水肥条件而改变，在干旱缺水的土壤环境条件下，其根系发育强大，入土也较深广；在水分过多的土壤条件下，则根系发育较弱。土壤结构良好、土层深厚、水分适宜的土壤环境，都有利于根系发育；及时中耕培土，增加培土厚度，增施磷肥等措施，也能促进根系的发育。发达并且分布又深又广的根系能增加品种的抗旱、抗涝能力，使植株吸收营养更多，是获得丰产的基础。

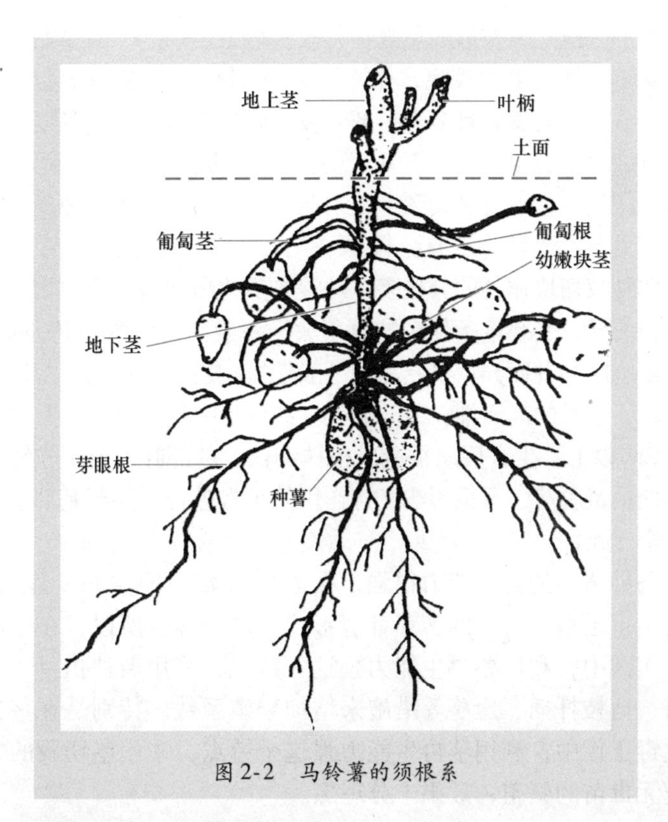

图 2-2　马铃薯的须根系

二 茎

马铃薯的茎包括地上茎、地下茎、匍匐茎和块茎。它们虽然起源于一个器官，但形态和功能却各不相同。

1. 地上茎

从地面向上的主干和分支，统称为地上茎，它是由块茎芽眼萌发的幼芽发育成的地上枝条。马铃薯地上茎的作用，一是支撑植株上的分枝和叶片；更重要的是把根系吸收来的无机营养物质和水分，运送到叶片里，再把叶片光合作用制造的有机营养物质，向下运输到块茎中。

茎具有分枝的特点，依品种不同，分枝有直立与张开、上部分

枝与下部分枝、分枝形成早晚、分枝多与少之别，一般早熟品种茎秆细弱、分枝发生的较晚，在展开7～8片叶时，从主茎上发生分枝，总分枝数较少，且多为上部分枝；而中晚熟品种，多数茎秆粗壮、分枝发生的早，在展开4～5片叶时，从主茎基部迅速发生分枝，分枝的发生一直延续到生长末期。分枝的多少还与种薯的大小有密切关系，通常每株有分枝4～8个，种薯大，则分枝多；一般整薯作种较切块作种的分枝多。马铃薯茎的高度和枝丛的繁茂程度因品种而异，受栽培条件影响也很大，一般茎高为30～100cm。节间长度也因品种而异，早熟品种一般较短，当密度过大，施用氮肥过多时，茎长的高而细，节间变长。特别是中晚熟品种，有时株高可达2m以上，生育后期常造成植株倒伏，基部叶片由于光线不足而早期枯黄脱落，严重影响光合作用的正常进行，甚至基部茎秆腐烂，全株死亡。

马铃薯茎的再生能力很强，在适宜的条件下，每一茎节都可以发生不定根，每节的腋芽都能形成新的植株。所以，在生产和科研实践中，利用茎再生能力强这一特点，采用剪秧扒豆、育芽掰苗、剪枝扦插、压蔓等措施来增加繁殖系数。特别是在茎尖组织脱毒工作中，利用茎再生能力强这个特点，采用茎切段的方法加速无毒苗的繁殖，效果十分理想。

2. 地下茎

马铃薯的地下茎，是种薯发芽生长的枝条埋在土里的部分，也是主茎地下结薯的部位，下部白色，靠近地表处稍有绿色或褐色，老时多变为褐色。地下茎的长度因播种深度和生育期培土厚度而异，一般10cm左右，地下茎的节数，一般比较固定，大多数品种均为6～8节，但当播种深度和培土厚度增加时，则长度和节数会随之略有增加。在生育初期，地下茎各节上均生鳞片状小叶，每个叶腋间通常发生一个匍匐茎，有时也发生2～3个。每个节上，在发生匍匐茎前，即生出放射状匍匐根4～6条。

3. 匍匐茎

匍匐茎实际是由马铃薯地下茎节上的腋芽水平生长形成的侧

枝，也是形成块茎的器官。它具有许多与地上茎侧枝相似的特点，一般有12～14个节间，其节上形成纤细的匍匐根，茎节上的腋芽还可水平生长2～3级的匍匐茎。匍匐茎比地上茎细弱得多，但可以担负块茎所需的全部养分和水分，是一个结构上极其有效的运转器官。匍匐茎与地上茎的不同之处是无叶绿素，一般呈白色，因品种不同，也有呈红紫色的。

早熟品种的幼苗长到5～7片叶，晚熟品种的幼苗长到8～10片叶时，地下茎节就开始生长匍匐茎。匍匐茎发生后，在地下略呈水平方向生长；其顶端呈钥匙形的弯曲状，生长点向着弯曲的内侧，在匍匐茎伸长时，对生长点起保护作用。匍匐茎生长10～15天即停止生长，顶端膨大形成块茎。

匍匐茎的长度一般为3～10cm，短者不足1cm，长者可达30cm以上。其长度因品种和环境条件而变化，早熟品种的匍匐茎短于晚熟品种的匍匐茎；高温、长日、弱光、高氮有利于匍匐茎的伸长。匍匐茎过长是一种不良性状，因为过长的匍匐茎，势必要过多的消耗养分，结薯晚，并形成大量的小块茎，同时造成结薯极度分散，不便于田间管理和收获。

匍匐茎数目的多少因品种而异，一般每一主茎上能发生匍匐茎4～8条，每株可形成20～30条。在正常情况下，匍匐茎的成薯率为50%～70%。不形成块茎的匍匐茎，到生育后期自行死亡。匍匐茎还具有向地背光性，入土不深，大部分集中在地表0～20cm土层内，黑暗潮湿有利于匍匐茎的发育。培土不及时或干旱高温，不仅使匍匐茎形成数量少，还使已形成的匍匐茎穿出地面形成叶枝，农民把这种现象叫作“窜箭”，出现这种现象就会减少结薯个数，降低产量。因此在马铃薯生育早期，要注意培土厚度。

4. 块茎

马铃薯的块茎既是经济产品器官，又是繁殖器官，是缩短而肥大的变态茎（图2-3）。当匍匐茎顶端停止了极性生长，由于皮层、髓部及韧皮部的薄壁细胞分生扩大，并有大量淀粉积累，从

而使匍匐茎顶端膨大而形成块茎。

块茎具有地上茎的各种特征。块茎生长初期，其表面各节上都有鳞片退化小叶，无叶绿体，呈黄色或白色。至块茎稍大后，鳞片状小叶凋零脱落，残留的叶痕呈新月状，称为芽眉。芽眉里侧表面向内凹陷成为芽眼。

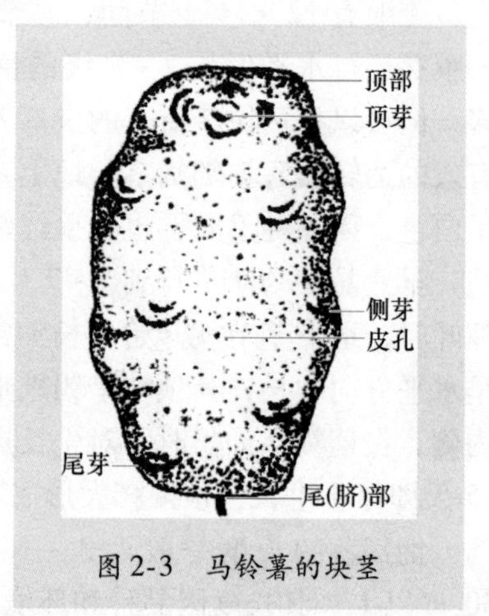

图 2-3　马铃薯的块茎

芽眼着生 3 个或 3 个以上未伸长的芽，中央较突出的为主芽，每个主芽通常伴生着 2 个副芽。发芽时主芽首先萌发，副芽一般呈休眠状态，只有当主芽所生的幼茎因不良条件而折断或死亡时，副芽才萌发生长。芽眼的有色和无色因品种而异；数量的多少主要取决于品种特性和块茎大小，也与环境条件有关。每个块茎的芽眼数 13 ~ 17 个，较高的温度下，芽眼数相对较多；芽眼的深浅或凸出因品种和栽培条件而异，芽眼过深是一种不良性状。

芽眼在块茎上呈螺旋状排列，其排列顺序与叶序相同，块茎的顶端就是匍匐茎的生长点，所以顶部芽眼分布较密；最顶端的一个芽眼较大，内含芽较多，称为顶芽，块茎萌发时，顶芽最先萌发，而且幼芽壮，长势旺盛，称这种现象为顶端优势。从顶芽向下的各芽眼依次萌发，其发芽势逐渐减弱。块茎顶端优势的强弱因品种、种薯生理年龄、种薯感病程度而异。块茎与匍匐茎连接的一端称为脐部或尾部。

马铃薯块茎表皮有光滑、粗糙或有网纹之分，在块茎表面，可以明显看到许多小斑点，即皮孔。块茎通过皮孔和外界进行气体交换和蒸散水分，维持其正常的体内代谢。皮孔的大小和多少因品种和栽培条件而异，在土壤黏重、含水量高而通透性差的情况下，由于细胞增生，使皮孔张开，表面形成突起的小疙瘩，农民称之“起泡”，既影响商品价值，又易引起病菌侵入，这种块茎耐贮性极差。因此，在马铃薯生育期间，需特别注意低洼易涝地块的培土和排水，以及成熟期土壤水分的控制和调节。

块茎的皮色种类也很多，有黄、白、紫、浅红、深红、玫瑰红等色；块茎的肉色有白、黄、红、紫及色素分布不均匀色等。食用品种以黄肉和白肉者为多。正常情况下，一般品种的块茎都具有固定的皮色和肉色，是鉴别品种的重要依据之一。

块茎的大小依品种和生长条件而异。一般单个块茎重 50 ~ 250g，大块茎可达 1500g 以上。块茎的形状大致可以归纳成 3 种主要类型：圆形、长筒形和椭圆形，其余的形状都是它们的变形而已。形状也因品种而异，在正常条件下，每一品种的成熟块茎都具有一定的形状，是鉴别品种的重要依据之一，但栽培环境和气候条件也能使块茎形状产生一定变异。

三 叶

马铃薯的叶子是进行光合作用、制造营养的主要器官。它的叶绿体吸收阳光，把从根吸收来的营养和水分，以及叶片本身在空气中吸收的二氧化碳，转化成富有能量的有机物质（糖、蛋白质、脂肪等），同时释放出氧气，这些有机物质，通过地上茎、地下茎、匍匐茎，被输送到块茎中贮藏起来。因此，叶片是形成产量最活跃的部位（图 2-4）。

马铃薯无论用种子或块茎繁殖，最先发生的初生叶均为单叶，叶片肥厚，叶面密生茸毛。第 2 片至第 4 片叶皆为不完全复叶，一般从第 5 片或第 6 片叶开始即为该品种固有的奇数羽状复叶。

复叶顶端的小叶称为顶小叶，其余的小叶都是成对着生在复叶的中肋（叶轴）上的，一般的品种有 3 ~ 4 对，称为侧小叶；整个叶子呈羽毛状，叫羽状复叶。在两对侧生小叶之间的中肋上还着生数量不等的小型叶片，称为小裂叶。顶生小叶通常比侧生

小叶略大，其形状和侧小叶的对数等性状通常比较稳定，是鉴别品种的依据之一。在复叶叶柄基部与主茎相连接处上方的左右两侧，各着生叶状物一片，称为托叶或叶耳，其形状各不相同，也可作为鉴别品种的特征之一。

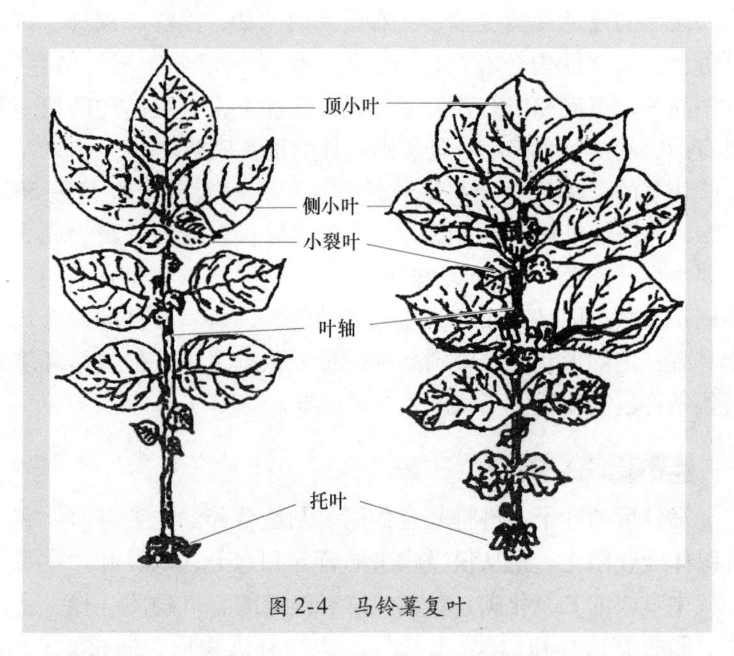

图 2-4　马铃薯复叶

马铃薯叶面积的消长可分为上升期、稳定期和衰落期。在北方一作区，上升期一般从出苗至块茎增长期，其中出苗至块茎形成期，叶面积增长大体上是按指数增长，进入块茎增长期以后 25 天左右呈直线增长。上升期是叶面积增长最迅速的时期，每株每天平均增加 150cm^2 左右。该期的光合产物主要是用于建造自身光合系统，密度对叶面积影响较小。

稳定期是指叶面积达到最大值之后，一段时期保持不下降或很少下降的时期。这个时期叶面积不再增长，但块茎增长最为迅速，所以这段时间维持越长，越有利于充分利用光能，积累的干物质越多。衰落期是指叶面积稳定期之后，叶片开始衰老枯死的时期。该期部分叶片衰落枯黄，大部分叶片继续进行光合作用。这个时期由于叶片衰老，叶面积系数减少，田间透光条件得到改善，个体和群体的矛盾得以缓和，再加该期气候凉爽，昼夜温差大，最有利于有机物质的合成和积累。所以衰落期是马铃薯块茎产量形成的重要阶段。据研究，在北方地区，块茎产量的60%以上，都是在这个时期形成的。此阶段积极防止叶片早衰，尽可能延长绿叶片的寿命，对夺取块茎高产，具有重要意义。

四 花

马铃薯的花，既是马铃薯进行有性繁殖的器官，又是鉴别马铃薯品种的一个明显的依据。马铃薯的花序是聚伞形花序。一般由茎的叶腋或叶枝上长出花序的主干，每个主干有2~5个分枝，每个分枝上有4~8朵花。每朵花由花萼、花冠、雄蕊和雌蕊4部分组成。大多数品种的花是由5瓣相连的单层花瓣组成的五星形，也有的品种在花瓣里边或外边能形成附加的花瓣，这种现象叫作“内重瓣”花冠或“外重瓣”花冠。不同的品种马铃薯花冠颜色不同，一般常见的有白、浅红、紫红、蓝和蓝紫等色。花冠中心有5个雄蕊围着1个雌蕊。雌蕊的花柱长短与品种有关，马铃薯花冠与雄蕊的颜色、雌蕊花柱的长短及直立或弯曲状态、柱头的形状等，都是区别马铃薯品种的主要标志。

马铃薯花的开放，有明显的昼夜周期性，是白天开放，晚间闭合，一般是早晨5：00~7：00开放，下午4：00~6：00闭合，若遇阴天，马铃薯花则开得晚，闭合的早。每朵花开放3~5天，一个花序可持续10~15天，一个植株开花时间可持续2个月以上。马铃薯开花受环境影响较大，通常在日照较长的地区开花较好，气温在18~28℃，空气相对湿度为80%~90%的条件下，开花繁茂，结实率较高。但不同品种对光照和温度的反应不同，如有的品种对光照和温度敏感，特别是北方品种调到南方，往往见不到开花，主要原因是光照不足。马铃薯不开花，并不影响地下

块茎的生长，对生产来讲，这并不是坏事，因为它减少了营养的消耗。有的品种花多果实多，会大量消耗营养，在生产上还要采取摘蕾、摘花的措施，以确保增产。

五 果实与种子

马铃薯的果实为茄科浆果，里面的种子是马铃薯进行有性繁殖的唯一特有器官。果实里的种子叫作实生种子，用实生种子种出的幼苗叫实生苗，结的薯块叫实生薯。绝大多数的马铃薯品种都是杂合体，它们在自然条件下所获得的浆果又都是自交果实，其种子的分离幅度是很大的，基本不能在生产上应用。但如果在马铃薯开花时进行人工杂交，可以在果实里得到人工杂交的种子，再经过多次选育便可获得新的品种。

马铃薯开花受精后 5 ~ 7 天，子房即开始膨大，逐渐形成圆形或椭圆形的浆果，经 30 ~ 40 天浆果果皮由绿色逐渐变成黄白色或白色，由硬变软，并散发出一种特殊的香味，即达成熟。每个果实含种子 100 ~ 300 粒，多者可达 600 粒，少者则只有 30 ~ 40 粒。种子很小，为扁平椭圆形，种皮为黄色或暗灰色，表面粗糙，而且种皮外还覆盖一层胶膜，阻碍种子的萌发，种子的休眠期很长，一般长达 6 个月，但浆果充分成熟或充分日晒后，种子的休眠期可缩短。实生种子发芽缓慢，顶土能力弱。出苗后根系细弱，叶子很少，有 3 ~ 4 片叶前生长非常缓慢。所以利用实生种子种植时必须认真搞好催芽，并要精细整地；也可在苗床育苗后再移栽定植到田里，并加强苗期管理，才能获得种薯。

当年采收的种子发芽率一般仅为 50% ~ 60%，贮藏一年的种子比当年采收的种子发芽率高，贮藏 2 年的种子达到最高发芽率。通常在干燥低温下贮藏 7 ~ 8 年，仍不失发芽能力，其发芽率可达70% ~ 90%，但其发芽势则随着贮藏年限的增加而有降低的趋势。

第二节 马铃薯的生物学特性

一 马铃薯的生育进程

在马铃薯不同的生育阶段具有不同的生长特点和规律，对栽培条件也有不同的要求，因此，只有了解马铃薯的生长发育阶段及规律，才能有针对性地实施高产高效的增产技术措施。

目前国内外对马铃薯生育时期划分标准不统一。一般根据马铃薯地上部分生长与产量形成的相互关系，并结合地上部形态变化与北方一作区的生育特点，把马铃薯的生长发育过程划分为6个生育时期：芽条生长期、幼苗期、块茎形成期、块茎增长期、淀粉积累期、成熟收获期。

1. 芽条生长期

块茎萌芽（播种）至幼苗出土为芽条生长期。

马铃薯块茎萌芽时，像其他作物的茎一样，首先形成明显的幼芽，其顶部着生一些鳞片状小叶，即胚叶。幼芽是靠节间的连续发生并伸长扩展而生长的。随着幼芽的生长，根和匍匐茎的原基在靠近芽眼幼茎基部的6~8节处开始发育。幼根出现以后，便以快于幼芽生长的速度在土壤中伸展。

该期器官建成的中心是根系形成和芽条的生长。所以，这一时期是马铃薯发苗、扎根、结薯和壮株的基础，也是获得高产稳产的基础。马铃薯芽条生长期的长短及幼苗健壮与否，可因种薯质量、播种时期的温湿度、矿质营养和栽培措施等条件的不同而不同。其中的关键因素是种薯本身，即种薯休眠解除的程度、种薯生理年龄的大小、种薯中营养成分及其含量，以及是否携带病毒。一般北方一作区从播种到出苗需30天左右；二作区夏播或秋播需10~15天；二作区冬前播则长达50~60天。

在马铃薯芽条生长期，关键在于把种薯中的养分、水分和内源激素等充分调动起来，供发根、长叶和原基分化需要。在北方一作区，由于春季低温少雨，所以该期的农业措施，应在选用优

质种薯的基础上，以提高地温和保墒为中心，部分地区可采用苗前耙地或锄地，出苗后及时松土、灭草保墒等一系列农业技术措施，以促进出苗、壮苗和多发根。

2. 幼苗期

幼苗出土至现蕾，为幼苗期。在整个芽条生长期，芽条和根系生长是依靠种薯提供全部的营养物质，至出苗后5~6天，便有4~6片叶展开，通常在叶面积达到200~400cm^{2}时，便转入自养方式。马铃薯幼苗转为自养方式的同时，还从种薯内源源不断地得到营养的补给，故主茎叶片生长速度很快，平均每两天就发生一片。在该期内，茎叶分化已全部完成，根系继续向深广发展，侧枝开始发生。多数品种在出苗后7~10天匍匐茎伸长。当主茎出现7~13片叶时，主茎生长点开始孕育花蕾，同时匍匐茎顶端停止极性生长，开始膨大形成块茎，即标志着幼苗期的结束和块茎形成期的开始。幼苗期大约经历15~25天。

马铃薯幼苗期是以茎叶生长和根系发育为中心的时期，同时伴随着匍匐茎的形成伸长，以及花芽和部分茎叶的分化。

【提示】 这一阶段，各项农业措施的主要目标，在于促根、壮苗，保证根系、茎叶和块茎的协调分化与生长。

3. 块茎形成期

现蕾至第一花序开始开花为块茎形成期。在该期主茎开始急剧拔高，使株高达到最大高度的1/2左右，主茎及茎叶已全部建成，并有分枝和分枝叶的扩展。同一植株匍匐茎大都在该期内膨大形成块茎，当植株茎叶干物重和块茎干物重达到平衡时，即标志着块茎形成期的结束，开始进入了块茎增长期。此时，最大的块茎直径已达3~4cm，植株干重已达总干重的50%左右。块茎形成期一般经历20~30天。

该期的生长特点是：由地上部茎叶生长为中心转向地上部茎叶生长和块茎形成同时进行的阶段，是决定单株结薯数的关键时

8. 克新1号

【生育期】 中熟品种，生育期95天左右。

【特征特性】 株型开展，分枝数中等，株高70cm左右。茎绿色，复叶肥大，生长势强。花冠浅紫色，雄蕊黄绿色，不能天然结实。块茎椭圆形，白皮白肉，表皮光滑，芽眼多而深度中等。结薯集中，块茎大而整齐，块茎休眠期长，耐贮藏。蒸食品质中等。淀粉含量13%～14%，还原糖含量0.52%。植株抗晚疫病，块茎感病，高抗环腐病，抗马铃薯重花叶病毒病，高抗卷叶病毒病，耐束顶病，较耐涝。一般亩产1500kg左右，高产可达2500kg。

【利用方向】 菜用型。

【适宜种植地区】 适宜黑龙江、辽宁、吉林、内蒙古、河北、山西种植，在二作区和西南作区也能种植，每亩适宜种植3500株左右。

9. 克新13号

【生育期】 中晚熟品种，生育期95～100天。

【特征特性】 株型直立，分枝中等，株高65～70cm。茎粗壮绿色，复叶中等大小，株丛繁茂。花冠白色，天然结实较强。块茎圆形，黄皮浅黄肉，表皮有网纹，芽眼深度中等。结薯集中，块茎大而整齐，大中薯占90%以上，耐贮藏。蒸食品质优。淀粉含量15%左右，还原糖含量0.38%。对马铃薯重花叶病毒具有田间过敏抗性，抗卷叶病毒病，耐马铃薯纺锤块茎类病毒病（PSTVd），轻感烟草花叶病毒，田间抗晚疫病，抗环腐病。抗旱能力强。丰产性好，一般亩产2000kg，最高可达3000kg。

【利用方向】 菜用型。蒸食起沙，鲜食品质极其优良。

【适宜种植地区】 该品种适应范围较广，对土地的要求不太严格，除过酸、过黏、低洼及盐碱土壤外均可种植。该品种抗旱，适合干旱地区种植。在黑龙江、吉林、河北、内蒙古、山东等省、自治区都有种植，每亩适宜种植3500～4000株。

10. 克新18号

【生育期】 中晚熟品种，生育期90天左右。

【特征特性】 株型直立，株高66cm。花冠深紫红色，开花期长，结实性差。块茎圆形，白皮白肉，表皮光滑，块茎大而整齐，大中薯率90%以上，芽眼较浅，结薯集中。抗花叶及卷叶病毒病。田间高抗晚疫病。淀粉含量15.26%，干物质含量21.05%，还原糖含量0.33%。食味好。耐贮性强，丰产性好，一般平均亩产1500kg，最高可达2470kg。

【利用方向】 菜用型。

【适宜种植地区】 适宜在黑龙江各地种植及南方冬作区种植，每亩适宜种植3300株。

11. 安薯56号

【生育期】 早熟品种，生育期79天。

【特征特性】 株型为半直立，株高42~66cm。主茎2~4个，分枝较少，茎浅紫褐色，坚硬不倒伏。复叶较大、叶色深绿。花冠紫红色。块茎扁圆形或圆形，薯皮黄色，肉白色，芽眼较浅。块茎大而整齐，结薯集中，大薯率占82%左右。块茎休眠期80天左右，耐贮藏。食用品质好，属于高蛋白质类品种。植株高抗晚疫病，轻感黑胫病，抗花叶病毒病。亩产可达2950kg。

【利用方向】 菜用型。

【适宜种植地区】 适宜陕西秦岭一带高山区种植，每亩种植4400~5000株。

12. 鄂马铃薯7号

【生育期】 中晚熟品种，生育期88天左右。

【特征特性】 株高73cm左右，株型散，生长势较强，分枝少，茎绿色，叶绿色，花冠白色，天然结实性差，匍匐茎中等长。块茎圆形，黄皮白肉，表皮光滑，芽眼中等深，结薯集中。区试单株主茎数4.3个、结薯8.4个，商品薯率73.1%。经人工接种鉴定：植株抗马铃薯轻花叶病毒病、中抗马铃薯重花叶病毒病，抗晚疫病。块茎品质：干物质含量20.7%，淀粉含量

11.8%，还原糖含量0.10%。产量表现：2008—2009年参加中晚熟西南组品种区域试验，两年平均块茎亩产1892.6kg，比对照米拉增产25.2%。2009年生产试验，块茎亩产1345.6kg，比对照米拉增产25.3%。

【利用方向】 菜用型。

【适宜种植地区】 适宜在湖北西部、云南北部、贵州毕节、四川西昌、重庆万州、陕西安康种植，一般每亩种植5000～5400株，套作2500株左右。

13. 云薯101

【生育期】 中晚熟品种，生育期92天。

【特征特性】 株型扩散，生长势中等，株高62.5cm，分枝少，茎绿色，叶绿色，复叶小，花冠白色。结薯集中，块茎圆形，表皮光滑，芽眼深浅中等，黄皮浅黄肉，商品薯率67.7%。人工接种鉴定：植株抗马铃薯轻花叶病毒病、中抗马铃薯重花叶病毒病，高抗晚疫病。块茎品质：干物质含量22.3%，淀粉含量14.2%，还原糖含量0.21%。产量表现：2006—2007年参加中晚熟西南组区域试验，块茎亩产1686kg，比对照米拉增产7.2%。2007年生产试验，块茎亩产1300kg，比对照米拉增产9.3%。

【利用方向】 菜用型。

【适宜种植地区】 适宜在云南、贵州、四川南部、陕西南部、湖北西部的西南马铃薯产区种植，一般每亩种植3000～4000株。

14. 云薯201

【生育期】 中晚熟品种，生育期91天。

【特征特性】 株型扩散，生长势中等，株高51.4cm，分枝少，茎绿色带浅紫色，叶绿色，复叶小，花冠白色。结薯集中，块茎椭圆形，表皮光滑，芽眼深浅中等，黄皮浅黄肉，商品薯率62.1%。人工接种鉴定：植株抗马铃薯轻花叶病毒病、抗马铃薯重花叶病毒病，高抗晚疫病。块茎品质：干物质含量23.9%，淀粉含量15.4%，还原糖含量0.19%。产量表现：2006—2007年

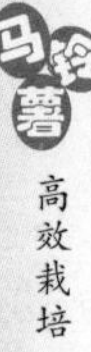

参加中晚熟西南组区域试验，块茎亩产1714kg，比对照米拉增产9.0%。2007年生产试验，块茎亩产1427kg，比对照米拉增产23.7%。

【利用方向】 菜用型。

【适宜种植地区】 适宜在云南、贵州、四川南部、陕西南部、湖北西部的西南马铃薯产区种植，一般每亩种植3500～4500株。

15. 中薯15号

【生育期】 中晚熟品种，生育期93天左右。

【特征特性】 株型直立，生长势较强，株高55cm左右，分枝较少，枝叶繁茂，茎绿带褐色，叶绿色，花冠白色，天然结实中等；块茎长椭圆形，浅黄皮浅黄肉，芽眼浅，表皮光滑，薯块整齐度中等，匍匐茎短，区试商品薯率52.8%。经人工接种鉴定：植株抗马铃薯轻花叶病毒病、中抗马铃薯重花叶病毒病，高感晚疫病。块茎品质：干物质含量23.1%，淀粉含量14%，还原糖含量0.32%。产量表现：2007—2008年参加华北组品种区域试验，两年平均块茎亩产1344.3kg，比对照紫花白增产5.4%。2008年生产试验，块茎亩产1334.8kg，比对照紫花白增产6.2%。

【利用方向】 菜用型。

【适宜种植地区】 适宜在河北北部、陕西北部、山西北部、内蒙古中部种植，每亩适宜种植3500～4000株。

16. 鄂马铃薯5号

【生育期】 中晚熟品种，生育期94天。

【特征特性】 株型半扩散，生长势较强，株高62cm，植株整齐，茎叶绿色，叶片较小，花冠白色，开花繁茂；匍匐茎短，结薯集中，块茎长扁形，表皮光滑，黄皮、白肉，芽眼浅，单株结薯10个，商品薯率74.5%。人工接种鉴定：植株高抗马铃薯轻花叶病毒病、抗马铃薯重花叶病毒病，抗晚疫病。块茎品质：干物质含量22.7%，淀粉含量14.5%，还原糖含量0.22%。产量表现：2006—2007 年参加国家中晚熟西南组区域试验，块茎亩产 2178kg，比对照米拉增产 38.5%。2007 年生产试验，块茎亩产 1568kg，比对照米拉增产 31.8%。

【利用方向】 菜用型。

【适宜种植地区】 适宜在湖北、云南、贵州、四川、重庆、陕西南部的西南马铃薯产区种植，单作每亩栽种 4000～4500 株、套作 2000～2500 株。

17. 秦芋 31 号

【生育期】 中晚熟品种，出苗后生育期 97 天。常温条件下块茎休眠期 140 天。

【特征特性】 植株半扩散，株高 75cm，茎绿色，基部微紫色，分枝较少，叶绿色，复叶大，叶缘平展，枝叶繁茂性强，花冠白色，天然结实少，结薯集中，块茎扁圆形，大而整齐，浅黄皮白肉，略麻皮，芽眼中等深，商品薯率 84.5%。人工接种鉴定：中抗轻花叶病毒病，中抗重花叶病毒病，中抗晚疫病。块茎品质：淀粉含量 15.7%，干物质含量 21.6%，还原糖含量 0.2%。蒸食品质优。产量表现：2002—2003 年参加国家马铃薯中晚熟西南组品种区域试验，块茎亩产分别为 1742kg 和 1814kg，分别比对照米拉增产 13.8% 和 16.9%；两年平均亩产 1778kg，比对照米拉增产 15.3%。2004 年生产试验，块茎亩产 2052kg，比对照米拉增产 36.5%。

【利用方向】 菜用型。

【适宜种植地区】 适宜在云南、贵州毕节、四川、重庆、湖北恩施和宜昌、陕西安康西南一作区种植，单作每亩种植 4400～5000 株、套种 3000～3300 株。

18. 中薯 17 号

【生育期】 中晚熟品种，生育期 100 天左右。

【特征特性】 株型直立，株高 60cm 左右，生长势强，分枝少，枝叶繁茂，茎红褐色，叶绿色，花冠白色，天然结实性差；块茎椭圆形，粉红皮浅黄肉，芽眼较浅；区试平均单株主茎数

2.3 个、结薯数 4 个，平均单薯重 208g，商品薯率 85%。经人工接种鉴定：植株高抗马铃薯轻花叶病毒病和重花叶病毒病，轻度感晚疫病。块茎品质：淀粉含量 11.5%，干物质含量 20.9%，还原糖含量 0.45%。产量表现：2008—2009 年参加中晚熟华北组品种区域试验，两年平均块茎亩产 2231.0kg，比对照克新 1 号增产 22.8%。2009 年生产试验，块茎亩产 2090.0kg，比对照克新 1 号增产 5.7%。

【利用方向】 菜用型。

【适宜种植地区】 适宜在河北承德、山西北部、陕西榆林、内蒙古乌兰察布种植，每亩适宜种植 3500 ~ 4000 株。

19. 陇薯 7 号

【生育期】 中晚熟品种，生育期 115 天左右。

【特征特性】 株高 57cm 左右，株型直立，生长势强，分枝少，枝叶繁茂，茎、叶绿色，花冠白色，天然结实性差；薯块椭圆形，黄皮黄肉，芽眼浅；区试平均单株结薯数为 5.8 个，平均商品薯率 80.7%。经人工接种鉴定：植株抗马铃薯轻花叶病毒病、中抗马铃薯重花叶病毒病，轻感晚疫病。块茎品质：淀粉含量 13.0%，干物质含量 23.3%，还原糖含量 0.25%。产量表现：2007—2008 年参加西北组区域试验，两年平均块茎亩产 1912.1kg，比对照陇薯 3 号增产 29.5%。2008 年生产试验，块茎亩产为 1756.1kg，比对照品种陇薯 3 号增产 22.5%。

【利用方向】 菜用型。

【适宜种植地区】 适宜在西北一季作区的青海东部、甘肃中东部、宁夏中南部种植，一般每亩种植 3500 ~ 4000 株，旱薄地种植为 2500 ~ 3000 株。

20. 陇薯 6 号

【生育期】 中晚熟品种，出苗后生育期 115 天左右。

【特征特性】 株型半直立，株高 70 ~ 80cm，茎绿色，叶深绿色，花冠乳白色，雄蕊黄色，无天然结实。块茎扁圆形，浅黄皮白肉，芽眼较浅，单株结薯 5 ~ 8 个，商品薯率 73.1%。幼苗生长势强，成株繁茂，主茎分枝较多，块茎休眠期中长，较耐贮藏。田间表现抗退化能力强，抗晚疫病。人工接种鉴定：中抗轻花叶病毒病，感重花叶病毒病，中感晚疫病。块茎品质：干物质含量23.3%，粗淀粉含量16.1%，还原糖含量0.36%。产量表现：2002—2003年参加国家马铃薯品种中晚熟西北组、华北组区域试验，中晚熟西北组平均亩产1651kg，比对照陇薯3号增产8.6%；中晚熟华北组平均亩产1603kg，比对照紫花白增产6.3%。2004年生产试验，中晚熟西北组平均亩产2304kg，比对照陇薯3号增产17.5%；中晚熟华北组平均亩产1618kg，比对照紫花白增产19.8%。

【利用方向】 菜用型。

【适宜种植地区】 适宜在甘肃高寒阴湿及二阴地区，宁夏南部、青海东南部、河北北部、内蒙古中部、山西北部北方一季作区种植，一般地块每亩种植4000株，旱薄地2500~3000株。

二 淀粉加工型品种

1. 克新12号

【生育期】 中晚熟品种，生育期95~100天。

【特征特性】 株型直立，分枝中等，株高68cm左右。茎绿色，复叶中等大小。花冠白色，无天然结实现象。块茎圆形，浅黄皮浅黄肉，表皮光滑，芽眼浅。结薯集中，块茎整齐，大中薯率80%左右，耐贮性强。食用品质好。淀粉含量18.3%（最高年份达20.6%），还原糖含量0.323%，每100g鲜薯含维生素C 15mg。抗花叶和卷叶病毒病，田间高抗晚疫病，抗环腐病。一般亩产1800~2000kg，最高产量可达3000kg。

【利用方向】 淀粉加工型，可用于淀粉加工及速冻薯片的生产。

【适宜种植地区】 适宜在黑龙江及东北各省区种植，每亩适宜种植3200~3800株。

2. 黄麻子

【生育期】 早熟品种，从出苗至成熟70天左右。

【特征特性】 株型直立，分枝1～2个，株高45～50cm。茎绿色，繁茂性中等。开花习性好，花多且花期长，花冠浅紫白色，花药橙黄，花粉育性好，有天然结实现象。块茎长椭圆形，薯皮黄色有网纹，薯肉浅黄色，芽眼较多，顶部芽眼较深。匍匐茎短，结薯集中，单株结薯7～8个，大中薯率80%以上，耐贮性好。蒸食品质佳，面而香。淀粉含量14.42%，还原糖含量0.29%，粗蛋白质含量1.98%，每100g鲜薯含有维生素C 20.02mg。植株具有对晚疫病的田间抗性，抗马铃薯重花叶病毒病，其他病毒症状表现轻，块茎抗晚疫病和疮痂病。一般亩产1500～1700kg，高产可达2500～3000kg。

【利用方向】 菜用和淀粉加工兼用型。

【适宜种植地区】 适宜在黑龙江各地种植。生产商品薯每亩种植5000～5500株为宜。种薯生产每亩种植7000株。

3. 陇薯1号

【生育期】 中早熟品种，生育期85天左右。

【特征特性】 株型开展，株高80～90cm。茎绿色，长势强，叶深绿色，花白色。块茎扁圆或椭圆，皮肉浅黄，表皮粗糙，块茎大而整齐，芽眼浅。结薯集中，块茎休眠期短，耐贮藏。薯块含淀粉14.7%～16%、还原糖0.02%。轻感晚疫病，感环腐病和黑胫病，退化慢。一般亩产1500～2000kg。

【利用方向】 菜用和淀粉加工兼用型。

【适宜种植地区】 适应性较广，一、二季均可种植。在甘肃、宁夏、新疆、四川和江苏有种植，一般每亩种植5000株。

4. 东农310

【生育期】 中早熟品种，生育期90天左右。

【特征特性】 株型直立，株高60cm左右，分枝中等。茎绿带褐色，茎横断面多棱形。叶深绿色，花冠浅紫色，花药橙黄色，子房断面无色。块茎扁椭圆形，浅黄皮乳白肉，芽眼浅红色，结薯集中。商品薯率约80%，块茎干物质含量25.97%～30.93%，淀粉含量18.07%～21.03%，还原糖含量0.01%～

0.07%。田间中抗晚疫病，抗马铃薯轻花叶病毒病、马铃薯重花叶病毒病。一般亩产量1800kg。

【利用方向】 淀粉加工型。

【适宜种植地区】 适应黑龙江种植，一般每亩种植3000~3700株。

5. 秦芋30号

【生育期】 中熟品种，生育期95天左右。

【特征特性】 株型扩散，株高55cm左右，叶浅绿色，茎绿色，花白色，薯块长扁形，表皮光滑、浅黄色，薯肉浅黄色，芽眼浅。结薯较集中，较抗晚疫病、卷叶病毒病，耐贮藏。块茎淀粉含量15.4%，还原糖含量0.19%。产量表现：1999—2000年参加国家马铃薯品种西南片区试验，平均亩产1726kg，比对照品种米拉增产35.1%；2001年生产试验，平均亩产1807kg，比对照品种米拉增产29.7%。

【利用方向】 菜用和淀粉加工兼用型。

【适宜种植地区】 适宜在山西及河北、内蒙古、陕西北部种植，每亩栽种4000~4500株。

6. 东农308

【生育期】 中早熟品种，生育期98天左右。

【特征特性】 株型直立，分枝中等，生长势强。茎叶绿色，叶缘平展，花冠白色，天然结实中等。结薯集中，块茎圆形，黄皮浅黄肉，芽眼深度中等。单株主茎3.6个，结薯10.4个，单薯重71g。人工接种鉴定：中抗马铃薯轻花叶病毒病，抗马铃薯重花叶病毒病，抗晚疫病，但田间有晚疫病发生。块茎品质，淀粉含量17.2%，干物质含量26.8%，还原糖含量0.26%。一般亩产1500~2000kg。

【利用方向】 淀粉加工型。

【适宜种植地区】 适应黑龙江、吉林和内蒙古呼伦贝尔等东北一季作区种植，一般每亩种植3000~3700株。

7. 内薯7号

【生育期】 中晚熟品种，从出苗到成熟需98天左右。

【特征特性】 株型直立，分枝中等，株高65~70cm。茎粗壮。叶片肥大，叶色深绿。花冠白色，天然结实性强。块茎圆形，薯皮肉浅黄，芽眼较浅。结薯集中，单株结薯9~12个，大中薯率高达90%，耐贮藏。具有出苗早、整齐，生育状况优，结薯较早，薯块膨大速度快等优点。蒸食品质优。块茎淀粉含量高达20.03%，是目前我国淀粉含量较高的马铃薯新品种之一。该品种田间高抗晚疫病，薯块不含马铃薯纺锤块茎类病毒，高抗马铃薯轻花叶病毒、重花叶病毒，田间退化轻。一般亩产2000kg左右。

【利用方向】 淀粉加工型。

【适宜种植地区】 内蒙古、黑龙江各地均可种植，一般每亩保苗3800~4000株为宜。

8. 中大1号

【生育期】 中晚熟品种，生育期103天左右。

【特征特性】 株高61cm左右，茎绿色、叶绿色、花冠白色。薯型长圆，黄皮浅黄肉，光滑，芽眼浅。单株结薯数量适中，薯块大小中等，整齐度中等，商品薯率70.5%，田间抗晚疫病，接种鉴定中抗马铃薯轻花叶病毒病、高抗马铃薯重花叶病毒病，感晚疫病。东北地区淀粉含量20%左右，干物质含量25.8%，还原糖含量0.5%。一般亩产1500kg左右。

【利用方向】 淀粉加工型。

【适宜种植地区】 适宜在东北地区种植，每亩种植3000~3300株。

9. 春薯4号

【生育期】 晚熟品种，生育期105天以上。

【特征特性】 株型直立，分枝数多，株高90cm左右。茎粗壮，生长势强。花冠紫色。块茎扁圆形，白皮白肉，有麻皮，芽眼深度中等。结薯集中，薯块大而整齐，薯块形成早，耐贮藏。

淀粉含量19.5%，还原糖含量0.46%，粗蛋白质含量1.63%，维生素C含量每100g鲜薯15.9mg。抗晚疫病。一般亩产2000kg以上。

【利用方向】 淀粉加工型。食味好，适宜速冻食品加工。

【适宜种植地区】 适宜在黑龙江、吉林、福建和河北北部等一季作区地种植，每亩种植3500株左右。

10. 陇薯3号

【生育期】 中晚熟品种，生育期105天左右。

【特征特性】 株型半直立较紧凑。块茎扁圆或椭圆形，皮稍粗，黄皮黄肉，芽眼较浅并呈浅紫红色，薯顶芽眼及脐部下凹。块茎大而整齐，结薯特集中，而且较浅，单株结薯5~7个，大中薯率90%~97%。块茎休眠期长，耐贮藏。食用品质优良，口感好，有香味。淀粉含量平均21.2%。植株高抗晚疫病，对花叶、卷叶病毒病具有田间抗性。一般亩产2500kg，最高可达3500kg以上。

【利用方向】 淀粉加工型。

【适宜种植地区】 水旱地均可种植。采用脱毒种薯，一般每亩种植4000~4500株，旱薄地每亩种植3000株左右。

11. 米拉

【生育期】 中晚熟品种，生育期110天左右。

【特征特性】 株型开展，分枝较多，株高60cm左右。茎绿色带紫色斑纹，叶绿色，长势强，花白色。块茎长筒形，黄皮黄肉，表皮稍粗，芽眼深度中等。结薯分散，块茎大小中等，块茎休眠长，耐贮藏。淀粉含量17.5%~18.2%，还原糖含量0.25%。抗晚疫病，高抗癌肿病，不抗粉痂病，退化慢。一般亩产1000~1500kg。

【利用方向】 淀粉加工型。

【适宜种植地区】 适于无霜期长、雨多湿度大、晚疫病易流行的西南一季作山区种植；主要分布在湖北、贵州、四川和云南等地，每亩适宜种植3500株左右。

12. 渭薯1号

【生育期】 晚熟品种。

【特征特性】 株型直立，分枝中等。茎绿色，叶小，浅绿色，长势强，花白色。块茎长形，白皮白肉，中等大小，芽眼深，表皮光滑。含淀粉16%左右。结薯较集中。中抗晚疫病和黑胫病，感环腐病，退化慢。一般亩产2000kg左右。

【利用方向】 淀粉加工和菜用兼用型。

【适宜种植地区】 适宜一季作地区栽培，在河北、甘肃和宁夏等地均有种植，每亩种植4000株左右。

13. 青薯2号

【生育期】 晚熟品种，生育期120天。

【特征特性】 株型直立，分枝多，株高90cm。茎绿色，茎粗，生长势强。花冠浅紫色，天然结实率低。块茎圆形，白皮白肉，表皮光滑，芽眼较浅。结薯集中，块茎大，休眠期长，耐贮藏。蒸食品质好。淀粉含量22.86%~25.83%，还原糖含量0.63%，粗蛋白质含量1.66%，每100g鲜薯含维生素C 20.92mg。植株抗晚疫病、黑胫病，退化慢。水浇地一般亩产2500~3000kg，旱地亩产2000kg。

【利用方向】 淀粉加工型。

【适宜种植地区】 适宜青海、甘肃和宁夏等地种植，一般每亩种植3200~3800株。

三 油炸薯片型品种

1. 大西洋

【生育期】 中晚熟品种，生育期115天。

【特征特性】 株型直立，生长势中等。茎秆粗壮，基部有分布不规则的紫色斑点。叶片肥大，紧凑，呈亮绿色。花冠浅紫色，花药橙色，柱头二裂，圆形，绿色，花柱直立。开花量大，花粉多，质量好。块茎卵圆形或圆形，白皮白肉，表皮光滑，有轻度网纹，芽眼浅，但在黏质土壤或有机质含量高的土壤中薯皮颜色可能发暗，块茎休眠期中等。块茎含淀粉15%左右，还原糖含量0.03%，是目前国外主要的马铃薯炸片品种。该品种对马铃薯轻花叶病毒免疫，中抗晚疫病，耐疮痂病及黄萎病。一般亩产1500kg左右。

【利用方向】 油炸薯片加工型。

【适宜种植地区】 目前在内蒙古、黑龙江、吉林、河北等一二季作地区及西南和冬作区等地种植。一般每亩种植3800株左右为宜。

2. 尤金

【生育期】 中熟品种，生育期90~95天。

【特征特性】 株型直立，株高60cm左右。茎紫褐色，叶深绿色。薯块椭圆形，黄皮黄肉，芽眼平浅，两端丰满。大、中薯率达90%以上，薯块大而整齐。植株较抗病毒和晚疫病，薯块抗腐烂，耐贮运。淀粉含量13%~15%，适口性好，还原糖含量0.02%。丰产性好，一般亩产2000kg以上。

【利用方向】 菜用型，也可用于油炸薯片加工。

【适宜种植地区】 适宜二季作春播生产，与秋菜或粮油作物套复种，在高纬度或高海拔一季作区同样适用，每亩适宜种植5000株。

3. 鄂马铃薯6号

【生育期】 中晚熟品种，生育期93天。

【特征特性】 植株扩散，生长势较强，株高68cm，分枝较多，枝叶繁茂，茎绿色，叶绿色，复叶小，花冠紫红色，天然结实性差；匍匐茎短，结薯集中，块茎圆形，表皮光滑，芽眼浅，黄皮浅黄肉，商品薯率63.2%，单株主茎数5个，单株结薯10个。人工接种鉴定：植株高抗马铃薯轻花叶病毒病、高抗马铃薯重花叶病毒病，抗晚疫病。块茎品质：干物质含量21.9%，淀粉含量14.1%，还原糖含量0.20%。产量表现：2006—2007年参加国家马铃薯中晚熟西南组区域试验，块茎亩产1863kg，比对照米拉增产18.5%；2007年生产试验，块茎亩产1239kg，比对照

米拉增产4.2%。

【利用方向】 油炸薯片加工型。

【适宜种植地区】 适宜在湖北、云南、贵州、四川、重庆、陕西南部的西南马铃薯产区种植，单作每亩栽种4500株、套作2400株。

4. 春薯3号

【生育期】 晚熟品种，生育期130天左右。

【特征特性】 株型直立，分枝数中等，株高80~90cm。茎粗壮、绿色，复叶较大。花冠白色，天然结果很少。块茎圆形，黄皮白肉，表皮有网纹，芽眼少且较浅。结薯集中，休眠期较长，耐贮藏。蒸食品质优。块茎干物质含量25%，淀粉含量17%~18%，还原糖含量低。植株抗晚疫病和病毒病，抗旱性强。一般亩产1600~2000kg。

【利用方向】 淀粉及油炸薯片加工兼用型。

【适宜种植地区】 适宜一季作区种植，吉林、辽宁、四川、山西和内蒙古等省均可种植，每亩种植3500~4000株为宜。

5. 春薯5号

【生育期】 早熟品种，生育期65天左右。

【特征特性】 株型扩散，生长势强，株高50~60cm，茎粗壮，三棱形，茎翼直形，分枝少，叶片大，黄绿色，花白色，柱头短，易落蕾。结薯集中，薯块扁圆形，商品薯率高。薯皮白色，麻皮，芽眼稀而浅，薯肉白色。干物质含量22.54%，淀粉含量14.7%~16.0%，还原糖含量0.18%~0.22%。中抗晚疫病，退化速度中等，感染疮痂病，薯块烂薯率低。一般亩产1500~2000kg，最高可达2500kg以上。

【利用方向】 菜用、淀粉加工和油炸薯片加工兼用型。

【适宜种植地区】 适宜一季作区种植，吉林、辽宁、四川、山西和内蒙古等省区均可种植，每亩种植3500~4000株为宜。

6. 中薯10号

【生育期】 中晚熟品种，出苗后生育期85天。

【特征特性】 株型直立，生长势中等，株高52cm，分枝少，枝叶繁茂中等，茎与叶均绿色，复叶中等大小，叶缘平展，花冠白色，天然结实性强，块茎圆形，浅黄皮白肉，薯皮粗糙，芽眼浅，匍匐茎短，结薯集中，块茎大而整齐，单株结薯数3.9个，商品薯率83.5%。人工接种鉴定：抗轻花叶病毒病，高抗重花叶病毒病，轻度至中度感晚疫病。块茎干物质含量20.8%，淀粉含量13.8%，还原糖含量0.17%。亩产量在2000kg左右，大中薯率可达90%以上。

【利用方向】 油炸薯片加工型。

【适宜种植地区】 适宜在华北中晚熟主产区种植，每亩种植4500~5000株为宜。

7. 中薯11号

【生育期】 中晚熟品种，出苗后生育期83天。

【特征特性】 株型直立，生长势中等，株高50cm，分枝少，枝叶繁茂中等，茎与叶均绿色，复叶中等大小，叶缘平展，花冠白色，天然结实性强，块茎圆形，黄皮白肉，薯皮粗糙，芽眼浅，匍匐茎短，结薯集中，块茎大而整齐，单株结薯3.8个，商品薯率85.9%。人工接种鉴定：高抗轻花叶病毒病，高抗重花叶病毒病，轻度至中度感晚疫病。块茎干物质含量20.7%，淀粉含量13.7%，还原糖含量0.18%。一般亩产1300kg左右。

【利用方向】 油炸薯片加工型。

【适宜种植地区】 适宜在华北中晚熟主产区种植，每亩种植4500~5000株为宜。

8. 青薯6号

【生育期】 中晚熟品种，出苗后生育期115天左右。

【特征特性】 株高59cm左右，株型直立，生长势强，分枝少，枝叶繁茂。茎叶绿色，花冠紫色，天然结实性差。薯块圆形，白皮白肉，芽眼浅。平均单株结薯数为4.3个，平均单薯重137.5g，平均商品薯率84.7%。鲜薯干物质含量25.72%，淀粉含量19.76%，还原糖含量0.253%。植株中抗马铃薯轻花叶病毒

病、中抗马铃薯重花叶病毒病，抗晚疫病。亩产1484～1700kg。

【利用方向】 油炸薯片加工型。

【适宜种植地区】 适宜在西北一季作区的青海省东南部、宁夏回族自治区南部、甘肃省中部种植。水浇地每亩种植4000株，旱地每亩种植4500株为宜。

四、油炸薯条型品种

1. 夏坡地

【生育期】 中熟，生育期95天左右。

【特征特性】 株型开展，分枝数多，株高60～80cm。主茎绿色，粗壮，复叶较大，叶色浅绿，花冠浅紫色，花期长。块茎长椭圆形，白皮白肉，表皮光滑，芽眼浅，薯块大而整齐，结薯集中。块茎品质优良。干物质含量19%～23%，还原糖含量0.2%。不抗旱，不抗涝，田间不抗晚疫病、早疫病，易感花叶病毒和疮痂病。一般亩产1500～3000kg。

【利用方向】 油炸薯条加工型。

【适宜种植地区】 适合于北方一季作及干旱地区种植。目前在河北、宁夏、内蒙古和甘肃等地种植，适宜种植密度为每亩3500株以上。

2. 布尔班克

【生育期】 中晚熟品种，生育期为120天左右。

【特征特性】 株型扩散，茎粗壮，有浅红紫色素，叶绿色，花白色，开花期短。块茎长形，薯块麻皮较厚，呈褐色，白肉，芽眼少而浅。干物质含量23%～24%，淀粉含量17%，还原糖含量低于0.2%。易感晚疫病，怕涝，怕旱。耐贮性良好。在我国一般亩产量为1000kg。

【利用方向】 油炸薯条加工型。

【适宜种植地区】 适于北方一季作干旱、半干旱、有灌溉条件的地区种植。陕西北部、宁夏南部、甘肃东南部、内蒙古南部偏西等地为适宜区，每亩种植3500株左右。

3. 张围薯9号

【生育期】 中熟品种，出苗后生育期87天。

【特征特性】 株型直立较紧凑，株高60.2cm，茎、叶绿色，分枝中等。花冠白色，花量中等，花期中等，天然结实率低。块茎长圆形，薯皮褐色，薯肉白色，芽眼浅。结薯集中，大、中薯率71%～75%。干物质含量23.8%，淀粉含量16.3%，还原糖含量0.18%。抗马铃薯重花叶病毒、马铃薯轻花叶病毒、马铃薯S病毒，轻感马铃薯卷叶病毒，对晚疫病具有田间水平抗性。平均亩产1604.7kg。

【利用方向】 油炸薯条加工型。

【适宜种植地区】 适宜在河北省北方种植，每亩种植3800～4000株。

五 全粉加工型品种

马铃薯全粉按照其加工工艺和产品外形不同分为雪花全粉和颗粒全粉。一般来说，用于油炸薯片、薯条的品种均可用作马铃薯全粉加工，但是对薯块大小及形态要求相对炸片、炸条较宽松。生产上使用的全粉加工品种主要是大西洋、夏波蒂、中薯10号、中薯11号、陇薯6号、克新1号等。

第四章 马铃薯栽培技术

第一节 播种前的准备

一 选地与整地

1. 种植地块的选择

马铃薯是适应范围较广的作物，对土壤的类型、前茬要求不算严格。但是马铃薯除了根系和地下茎长在土壤里，它的收获物——块茎也是在土壤里形成和长大的，所以它同土壤的关系比禾谷类作物与土壤的关系更为密切。因此选择适于马铃薯生长的土壤、合理的前茬，地势排水良好的地块，可以为生产优质高产的马铃薯奠定良好的基础；对于不太适宜的土地，要通过农业技术措施加以改良。因此掌握不同土壤类型的特性和改进技术，对扩大发展马铃薯生产面积具有重要意义。

（1）适宜的土壤 初种马铃薯的农户应先选择最适合的土壤类型，再逐步扩大种植面积。

壤土较适合种植马铃薯。壤土较肥沃又不黏重，透气性良好。特别是轻质壤土对于块茎生长发育最为有利，用这类土壤种植马铃薯，种薯发芽快，出苗整齐，能保证计划的保苗株数。轻质壤土能充分容纳自然降雨和人工施入的肥料，保证马铃薯生长健壮。生产的马铃薯块茎表皮光滑，薯形较好，淀粉含量也有增加，商品薯率高；收获较为方便，块茎带土量少，可使用机械进行收获。轻质壤土最适合种植供出口或供城市需求的食用鲜薯，以及炸条、炸片等食用加工型品种。

沙性大的土壤也比较适宜种植马铃薯。我国西北地区、西南山区的土壤都具有沙性较大的特点。马铃薯在这样的土壤中生长，块茎整洁，芽眼浅，表皮光滑，颜色鲜艳，薯形正常，且易于收获。这类土壤适合生产各种类型的马铃薯专用品种，尤其适合生产马铃薯炸条、炸片品种、淀粉加工品种、供应蔬菜用鲜薯品种。但沙性大的土壤保水保肥能力最差，土壤潜在肥力低，严重影响马铃薯产量的提高。因此，保水、增施肥料、合理灌溉，是此类土壤中马铃薯高产栽培的关键，可以采取增施农家肥并分期施化肥，同时深种深培等措施。

黏重的土壤如白浆土、水稻土，土壤的通气性差，透水能力低。播种时土壤冷浆，出苗晚，易烂种。马铃薯生长期若遇干旱，土壤易板结，常使块茎生长变形，生长不整齐，甚至出现畸形薯而导致块茎的商品质量差。生育后期若遇大量降雨，排水不畅，容易造成烂薯。但这类土壤由于其保水保肥能力强，土壤潜在肥力高，种植的马铃薯如果管理得当，往往会有很高的产量。在这样的土壤中种植马铃薯可采用高垄栽培的方法，垄大一些，注意排水，在中耕、培土、除草时要掌握住墒情，及时管理。

马铃薯喜欢酸性和中性土壤。土壤 pH 在 4.8 ~7.0 时马铃薯生长都比较正常。pH 在 5 以下植株叶色变淡，呈现早衰减产。在偏碱土壤中种植马铃薯易发生放线菌造成的疮痂病，使马铃薯块茎表皮受到严重损害。土壤 pH 7.8 以上不适于种植马铃薯，特别不耐碱的品种会因幼芽扎不了根而不能生长或死亡。如果有大型喷灌设备，生育期间不断浇水淋溶，pH 在 8.2 以下的土地还可以利用，但必须采取耕作措施，如播前起垄、种上垄，或施用石膏，增施酸性肥料，早期根外喷肥（叶面施肥），中后期仍以根外施肥为主等办法，但这样的地块创高产难度很大。

（2）适宜的前茬　马铃薯的轮作换茬要求不是十分严格，但从高产、高效、优质的农业生产角度看，要更经济地利用土壤肥力和土

地面积，更有效地防止病虫危害，减少农药和除草剂的使用量，生产无污染的马铃薯产品，恰当调配茬口及合理轮作还是十分必要的。

在大田栽培时，马铃薯适合与禾谷类作物轮作。因禾谷类作物与马铃薯在病虫害方面发生不一致，伴生的田间杂草种类也不尽相同，轮作可以把马铃薯的病虫害发生降到最低程度；同时也有利于消灭杂草，减少农药的使用量，减少对环境的污染。适宜的前茬作物，各地不完全一样，应根据各地的经验和轮作体系选择。大体上以玉米、麦类、杂粮、谷子等作物为好，其次是大豆、高粱、水稻，而麻类、甜菜、甘薯等作物较差。

在城市郊区蔬菜栽培较多的地区，最好的前茬作物是葱、蒜、芹菜、胡萝卜、萝卜等。茄果类如番茄、茄子、辣椒，以及十字花科中的白菜、甘蓝等蔬菜，因多与马铃薯有共同的病害，一般不宜相互接茬。

(3）地块排水良好 马铃薯收获产品为地下块茎，选种植地块时一定要注意地块的排水性能，低洼地、涝湿地不宜选择。这样的地块，在多雨潮湿的情况下，马铃薯晚疫病发生严重，同时地下透气不好，水分过大，不但影响块茎生长，还常常造成块茎皮孔外翻，起白泡，使病菌易于侵入造成腐烂，或不耐贮藏。特别是到收获期仍然水分饱和的田块，由于烂薯可能会导致“全军覆没”。

综上所述，在选地上如果条件不理想，应注意“旱比涝好，沙比黏好，酸比碱好，粮比菜好（指前茬）”的原则。

2. 整地

地块选好后，整地也不能马虎，俗话说：没有不良的土地，只有不良的耕作方法。马铃薯结薯是在地下，只要土壤中的水分、养分、空气和温度等条件有良好的保障，马铃薯根系就会发达，植株就能健壮的生长，就能多结薯、结大薯。整地是改善土壤条件的最有效的措施。整地的过程主要是深耕（深翻）和耙压（耙耱、镇压）。用块茎播种后须根大多分布在30~40cm深的土层中，深耕不仅使土壤疏松，提高土温，给根系的发展和块茎的膨大创造良好的条件，为中耕培土备有暄土，而且可以增强土壤的蓄水和渗水力，有利于北方前期抗旱后期抗涝。深耕还能促进土壤微生物的活动和繁殖，加速有机质分解，促进土壤中有效养分的增加，防止肥料的流失。也流传有“深耕细耙，旱涝不怕”的说法，说明深耕的重要性。深耕最好在秋天进行，因为耕地越早，越有利于土壤熟化和暴晒垡子，使之可以接纳冬春雨雪，有利于保墒，并能冻死害虫。特别是北方一季作地区，农户种植马铃薯的土地面积大，基本都采取平地垄作方式，头年秋季深耕松土显得更为重要。经验证明，深耕要达到20~25cm，且应注意土壤的宜耕性。在春旱严重的地区，无论是春耕还是秋翻，都应做到随翻随耙压，做到地平、土细、地喧、上实下虚，以起到保墒的作用。在春雨多、土壤湿度大的地方，除深耕和耙压外，还要起垄，以便散墒和提高地温。

小贴士

前茬使用下列除草剂的地块种植马铃薯需要一定的间隔期：

◇ 50g/L咪唑乙烟酸每公顷用量超过1.5L，需要间隔36个月种马铃薯；

◇ 40g/L烟嘧磺隆每公顷用量超过1.5L，需要间隔18个月种马铃薯；

◇ 250g/L氟磺胺草醚每公顷用量超过1.0L，需要间隔18个月种马铃薯；

◇ 20%氯磺隆每公顷用量超过75g，需要间隔24个月种马铃薯；

◇ 38%莠去津每公顷超过5.25L，需要间隔24个月种马铃薯；

◇ 10%甲磺隆每公顷用量超过75g，需要间隔34个月种马铃薯。

二 种薯的准备

1. 种薯的选用

在马铃薯生产过程中，选择合适的优良品种十分重要。但优良品种长期种植，由于病毒积累引起退化，使这些优良品种丧失原有的优良特性，通过茎尖组织培养生产的脱毒种薯（具体技术参见第六章）使这些优良品种恢复了原来的种性，生产中的高产、高效得以保证。因此要将优良品种的特点表现出来，还要进行优质种薯的挑选。目前，我国马铃薯的生产者获得优质种薯的途径主要有以下两种：

（1）购买马铃薯脱毒种薯 专业化生产要求农户不要自己留种，应当向种子公司或种薯专门生产单位购买脱毒种薯。但目前我国的种薯生产和销售体系尚未健全，在种薯生产上，我国基本上还处于一种无序状态，没有权威的部门组织、管理和协调马铃薯种薯生产。种薯的质量差异巨大，国外普遍采用的种薯注册生产制度还没有在中国实施。商品薯生产和种薯生产没有严格的区分。在种薯经营上，也同样处于一种混乱状态，一些根本不具备种薯经营资格的单位和个人都在从事种薯经营，因品种不适当、种薯质量差引起的纠纷时有发生。因此，在选购种薯时应该考虑以下两个方面：

1）选择可靠的种薯生产单位。目前马铃薯种薯市场十分混乱，鱼目混珠的现象非常严重，因此购买不可靠的单位和个体农户生产的种薯，就很容易上当。虽然有的也号称是脱毒种薯，但繁殖代数过高，导致种薯重新感染病毒而退化。这样的种薯不仅产量低，而且质量也不好。如果大量用种，必须在生产季节到田间去实地考察，看当地是否发生过晚疫病，田间是否有青枯病和环腐病的感病植株，确认种薯是否达到质量标准。另外，买种薯要注意品种的标志，合格的品种包装袋具有图4-1中的标识。

2）检查种薯的外观。选用脱毒的优良品种就是选用了内在质量优良的种薯，但这些还不够，还要进行外观品质的挑选，主要是检查种薯是否带有晚疫病、青枯病、环腐病和黑痣病等病害的病斑，以及块茎是否畸形、龟裂等，因为很多马铃薯病毒病和马铃薯纺锤块茎类病毒病可以引起块茎畸形、龟裂，这类块茎应引起高度重视，必要时可以进行相关病害的检测。此外，还要检查种薯是否有严重的机械伤、挤压伤等，对可疑的薯块可以用刀切开，检查内部是否表现某些病害的症状。晚疫病、青枯病、环腐病等病害在块茎内部具有明显的症状，其他一些生理性病害，如黑心病、空心、高温或低温受害的症状均可通过切开块茎进行检查。病害的块茎内部症状参见本书第五章。

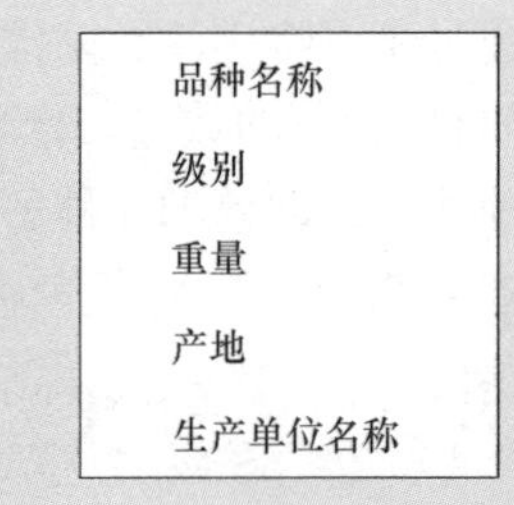

图 4-1　合格种薯包装袋标志

（2）自繁马铃薯脱毒种薯　由于难以购买合适的脱毒种薯，一些地区的生产者尝试自繁脱毒种薯，供自己生产用，即从可靠的种薯生产单位或科研单位购买一定数量的脱毒苗、原原种（微型薯）、原种，自己再扩繁一次，作为自己的生产用种。此法既可以节省购买脱毒种薯的费用，而且可以保证脱毒种薯的质量。在山东，农民秋季购买微型薯在日光温室内或网棚内生产自繁种薯已经相当普遍，并取得了良好的经济效益。山东省马铃薯产量水平很高，其主要原因是脱毒种薯的质量较高。在进行脱毒种薯自繁时，也应考虑以下几个因素：

1）基础种薯的质量。无论购买哪一级的基础种薯，都要考虑其质量是否可靠。以微型薯为例，目前国内生产微型薯的单位和个人不计其数，价格相差较大，但真正质量有保证的单位很少。因此购买微型薯时，一定要选择有资质有信誉的单位或个人，不能一味贪图价格便宜。

2）自繁种薯的生产条件。自繁种薯时，一定要有防止病毒再侵染的条件。不能将种薯生产田块与商品薯田块相邻。如果有可能，最好将自繁种薯种植在隔离条件好的简易温室、网室或小

拱棚中。所选的田块，不能带有马铃薯土传病害，如青枯病、环腐病和疮痂病等。生长过程中一定要注意防治蚜虫等危害植株的害虫，同时还要特别注意防治晚疫病。

3）自繁种薯的数量。繁种面积的安排，可按 1∶10 的比例来计划繁种面积，即繁 1ha 种薯，可满足 10ha 商品薯的生产。

小知识　　种薯的生理年龄

根据种薯形成的早晚和外界环境的影响，种薯可以分为：

① 幼龄、少龄薯：属于生长后期形成的块茎，块茎较小，表皮幼嫩光滑，皮色保持原色，薯形规整，休眠期长，耐贮藏，幼芽粗壮，适宜种用。

② 壮龄薯：在植株上生育期也较短，但块茎比幼龄薯大，薯形规整，其他特点与幼龄薯一致，适宜种用。

③ 老龄薯：在植株上生育时间长，是随着茎叶枯黄而收获的。块茎大小均有，但小型的老龄薯质量更差。老龄薯常常表现为薯形变劣，表皮粗糙，皮色暗淡、褪色，芽眼、顶部和脐部均由深变浅，甚至突出。如果用来作为种薯，往往导致减产。

4）提高自留种薯的质量。无论购买高质量的脱毒种薯自繁自用，还是利用在自己现有的马铃薯生产田中留种自用，都要通过田间选择来提高种薯质量。最常用的方法有“正选择”和“负选择”。

如果想从自己现有的马铃薯生产田留取一定数量的块茎，作为下一年或下一茬的种薯，可以采用“正选择”的方法。所谓“正选择”是将田间表现健康的植株用小标牌、小竹竿、芦苇秆、小灌木枝或尼龙绳等标记出来，第一次可多标记些，在植株枯黄之前再次确认所标记的植株是否健康，将感病的植株标记物撤掉。在收获以前将标记好的植株先收获，单独存放，作为下一年或下茬的种薯。

只有当田间病毒侵染水平很低，并且感病植株还没有成为健康植株的接种源时，才建议采用“负选择”的方法。在“负选择”中，感病株一经发现立即拔除，在田间只保留健康植株，直到收获。

无论选择哪一种方法，都应同时采用一些防病害侵染的措施，以控制病害的传播。这些措施包括使用杀虫剂、切块时对切刀消毒等。同时，还要避免过多地进入田间操作，以减少病原物接触传播的机会。

2. 种薯的处理

（1）种薯出窖后的挑选 种薯在播种前都要在贮藏窖或贮藏库中存放一段时间，但不良的贮藏条件可能会使种薯在贮藏期间或多或少的受到病虫害的侵染，长出细长的丛生芽、皱缩或者腐烂。因此，种薯出窖后的第一件事就是继续挑选优质种薯。要选取薯块整齐、符合本品种性状、薯皮光滑细腻、皮色新鲜的幼龄薯或壮龄薯。除去冻、烂、病、伤、萎蔫块茎和长出纤细、丛生幼芽的种薯。同时，还要剔除畸形、尖头、裂口、薯皮粗糙老化、皮色暗淡、芽眼突出的老龄薯。

（2）种薯催芽 无论是已经通过生理休眠期，但在不适宜发芽的环境中处于被迫休眠的种薯，还是已经发芽或刚刚萌动的种薯，在播种前，都应进行催壮芽处理。它可以保证播种后出苗快，出苗整齐，出苗健壮，确保全苗，有力地促进早熟和高产。催壮芽是通过对种薯“困种”“催芽”“晒芽”等处理方式来完成的。

“困种”是指北方一季作地区，种薯经过几个月的冷凉的窖中贮藏，块茎内部的生理机能因受低温抑制而不活跃，仍处于被迫休眠阶段，如果出窖以后立即播种，往往会出现出苗缓慢而且参差不齐的现象，因此需要进行“困种”处理，以促进其生理活化。“困种”方法是：将种薯从窖中取出，经过挑选后，放在温

暖的室内，堆放或用席子等物围起来，温度可维持在 10～15℃之间，也可变温5～15℃处理，有利于出状芽。处理时间约半个月左右，待芽眼刚刚萌动或冒锥时，进行催芽处理。

催壮芽的“催芽”“晒芽”方法有很多，各地都有创新，但原理都是一样的，就是通过提高温度、通气促使出芽。通过散射或直射日光晒芽，控制白芽过长，催出壮芽。催壮芽的方法：当种薯在贮藏中已经萌发，或者种薯经过药剂处理打破休眠开始萌发，以及已经“困种”萌芽的情况下，把种薯从窖中取出，放在15～18℃的室温内散光下进行催芽。催芽过程中块茎不宜堆得太厚，应平铺2～3层，并经常翻动，以便使之均匀见光，当芽长到1～1.5cm，白芽变成浓绿色的壮芽，基部出现根点时就可以准备播种了。对切块种薯和整薯播种的种薯都应该进行此项播前处理，催壮芽比不催芽可增产 10%左右。

“晒芽”能够抑制白芽的快速生长，对于在窖藏中已经长5cm 以上的白芽也应该晒绿。长芽经过绿化后，失掉一部分水分变得坚韧牢固，切块或播种时不容易折断。有的国家和地区，在播种前 40～50 天就将种薯在有光的条件下晾晒，幼芽浓绿甚至长出小叶，整个种薯变绿，这对播种出苗都无妨碍，且有利于植株矮壮。

在催壮芽处理过程中，凡是感染环腐病、黑胫病、晚疫病、青枯病等病害轻微的块茎，会发生不同的症状，而且一般因病菌活动的刺激萌芽较早，而感病严重的块茎则丧失了发芽力，多数不能萌芽，另外有些看不出症状的病毒病如卷叶病毒和类菌质体的块茎，在催芽时会出现细线状幼芽，所以催芽过程中剔除病薯更彻底，混入的杂薯也容易清除，可以大大减轻田间发病率，提高产量和商品薯率。

经过催芽的种薯，在播种时地温必须稳定在 10℃以上，而且土壤墒情要好。不然，芽苗遇到冷凉或干旱后，很容易出现缺苗的现象。

（3）整薯的准备 整薯播种方式就是用整个块茎，不进行切块来作为播种材料。在发达国家和一些先进地区，种薯繁殖基地都是用整薯进行播种。

1）整薯播种的优点。

① 整薯播种可以避免通过切刀传播病毒性病害和细菌性病害。通过切刀传毒的病毒和类病毒病害有：马铃薯轻花叶病毒、马铃薯潜隐花叶病毒、马铃薯纺锤块茎类病毒。通过切刀传播的细菌性病害有：青枯病、环腐病和黑胫病。尤其是青枯病和环腐病，一个带病的种薯可通过切刀传播几十个切块。

② 整薯播种有利于出苗、齐苗、壮苗，促早熟，提高产量。小整薯的生活力强，播后出苗早而且整齐，另外由于整薯没有切口，能够最大限度地保存种薯中的水分、养分。经播前处理的种薯，挑选后整薯播种可确保生产者的种植地块出苗快，出苗整齐，充分利用了顶芽优势，比切块播种幼苗生长健壮，植株生长旺盛，进入结薯期早，增产效果明显。

③ 整薯播种是抗旱保苗的重要措施。我国马铃薯主产区大多处于春季干旱地区，西北比东北更为严重。多年生产实践表明，干旱是造成缺苗断垄的主要原因，而缺苗断垄又是产量上不去的主要因素。用整薯播种，减少切块造成的水分流失，种薯发根健壮，可充分利用土壤中的水分；即使在严重春旱时，种薯也可在干土中等雨，不至于毁种。

④ 整薯播种有利于防止烂种。种薯切块以后，裸露薯肉部分含水量大，细胞疏松，如果切面愈合不好，腐生菌侵入后也能造成切块腐烂和缺苗断垄，整薯播种只需要在催芽时淘汰病薯，一般在播种后不会烂种。另外种薯切块以后的切面对化肥、农药、土壤酸碱度、有机肥及冷凉潮湿的环境均比较敏感，容易烂种。而整薯播种由于种薯皮的保护作用，对这些不良条件的抵制能力较强。

⑤ 整薯播种有利于马铃薯的播种实现机械化。机械化播种要求经严格分级的、较整齐一致的整薯，切块不易达到形

状和大小一致。另外，整薯播种减少了切块工作，节省了人力、物力。

2）整薯播种的缺点。用种量大，种子利用系数低。目前，种薯价格提高较多，大大地增加了生产者的生产成本，经济问题是影响推广的主要原因。另外，大整薯由于芽眼多，容易出多主茎，导致地上生长旺盛，有延迟成熟的趋势。

3）整薯的大小。整薯播种的薯块不应太大，否则用种量大，不经济。一般而言，在正常的土壤条件下，切块20g所贮存的营养就可满足马铃薯出苗用。出苗后马铃薯根部已开始从土壤中吸收营养元素，“母薯”基本上对生长无多大影响。但“母薯”大，则贮藏的营养多，转化快，对出苗快、出壮苗有一定的影响，即在一定范围内种薯越大产量越高。但大薯增加了生产成本，有时甚至入不抵出。很多人为了缓解二者的矛盾，进行了广泛的调查研究，寻找最佳效益值。一般认为50g左右的小整薯做种较为有利，可以在生产上推广应用，东北农业大学种薯试验结果表明，用30~40g小整薯播种，也可以获得较好的产量，而且30g的小整薯，特别适用于各种密植栽培方法。值得注意的是，播种使用的小种薯来源，应采取密植、晚播和早收的办法，专门生产，不应从普通种薯或商品薯中选小个的整薯作为种薯，因为里边常混有小老薯和感染病毒的薯块，很难挑选出去。

不过用小整薯播种要在播种前催壮芽，使根系早发育，有利于植株生长和高产。春季播种催芽比较容易，因种薯经过冬季贮藏休眠已过，只要播种前40天左右把未发芽的种薯放在18℃左右的室内散光下，种薯很快即可发芽。但在二季作区秋季播种用的种薯，除要求品种休眠期较短外，还需要在春季生产种薯时早种早收，这样在秋播时种薯才能通过休眠期。因为春季生产的种薯到秋季播种时，一般间隔时间较短，如果不对种薯采取催芽处理，到播种时不发芽，就会延误生育期。所以，在二季作区生产种薯，春季应加盖地膜早种早收，使种薯从收获到播种，中间可以有2个多月的时间。一般休眠期短的品种，在种薯收获后，于较高的温度下贮存 2 个月左右就可以通过休眠期，加上催芽措施，就能达到全苗的目的。

(4) 种薯切块 由于目前我国种薯生产中还没有普遍采用小整薯生产技术，整薯播种比例还很小，而马铃薯块茎上有 10 个左右芽眼（多少因品种而异），每个芽眼有 1 个主芽 2 个副芽，均具有发芽成株的能力，故可以对种薯进行切块，用薯块上芽眼中的芽作为播种材料。特别是种薯块茎较大时，通过切种可以节省大量的种薯，提高繁殖系数。当脱毒种薯还没有完全普及，农民利用自留种时，应当留较大的块茎作为种薯，因为大块茎带病毒的比例比中、小块茎要低。利用这些大块茎作为种薯，必须对它进行切块。

1）切块的优点。把种薯切块播种，可提高繁殖系数，节约种薯用量，降低生产成本。切块还能刺激种薯的通透性，对打破休眠有一定的作用。

2）切块的缺点。种薯切块播种的缺点是很明显的，在切块时极易造成传染病害，特别是经切刀把病薯的病毒、病菌带给健康种薯；同时切块堆积过程中也会发生接触感染；切块较整薯容易烂种，导致缺苗减产。

3）切块技术。一般在播种前 3～4 天进行切块。切块不宜太小，以免母薯水分、养分不足，影响幼苗发育，且切块过小不抗旱，容易导致芽干缺苗。切块一般不能低于 20g，以 35～45g为适宜，每个切块必须带 1～2 个芽眼，便于控制密度。切块时应尽量切成小立方块，多带薯肉，不要切成小薄片或小块或挖芽眼。一般 50～100g 的种薯可以从顶部到尾部纵切成 2～4 块；如种薯大于 100g，切块时可以从种薯的尾部开始，按芽眼排列顺序螺旋形向顶部斜切，最后再把芽眼集中的顶部一分为二，以免将来出苗密集；如想利用顶端优势增产时，可以将种薯从中部切一刀，将顶半部留做种用切块，下部可留作他用（图 4-2）。

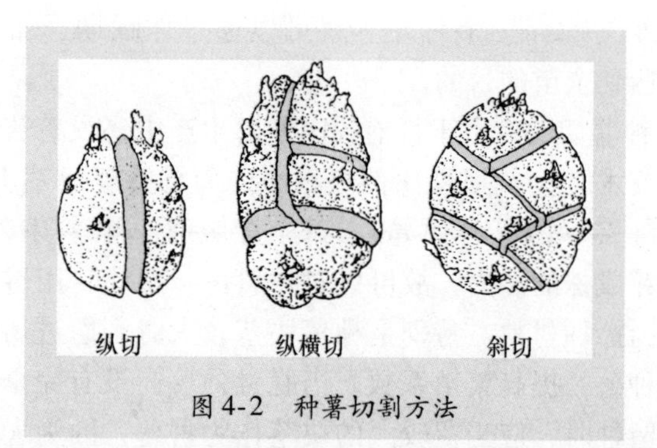

图 4-2　种薯切割方法

小知识：　　　　种薯的切块原则

第一，坚持切刀消毒制（图 4-3）。切块时应使用刀口锋利的刀具，最好一人准备两把刀具进行切块。正常情况下，每切 100 个左右的切块，换一把刀，如果切到明显带病的块茎，应立即将带病块茎拣出来，并将该切刀放回 70% 的酒精或消毒液中消毒，常用的消毒液有 0.5% 的高锰酸钾溶液。事实上，即使坚持消毒，也只是控制一下传毒的程度，但此种方法简便，花钱不多。

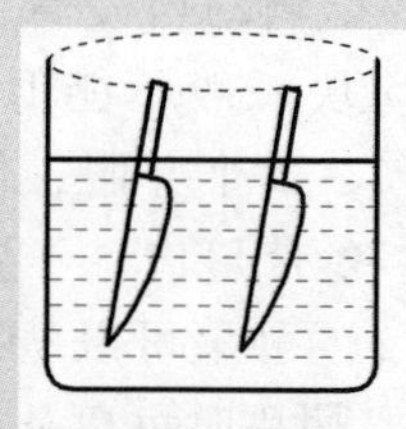

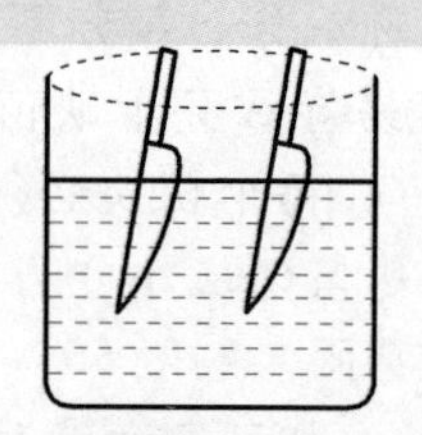

图 4-3　切刀消毒的方法

第二，应该挑选健康无病的种薯作为切块用，这样既提高了健康种薯的繁殖系数，又有效地防止交叉感染。切块时要剔除杂薯、病薯和纤细芽薯。

知识小问答：

问：什么情况下不适宜切块？

答：存在以下情况之一时，不宜切块：

① 当播种地块的土壤太干或太湿、太冷或太热时，不宜切块播种；

② 种薯的生理年龄太老，即种薯发蔫发软、薯皮发皱、发芽长于2cm时，切块易引起腐烂；

③ 夏播和秋播因温、湿度高，极易腐烂，一般不能切块。

(5) 药剂拌种（芽块包衣） 刚切完的块茎不能马上进行播种，播种前应使切口愈合木栓化，伤口愈合的时间与品种、种薯生理年龄、环境的温度和湿度等因素有关。为了促进伤口的愈合可以用草木灰拌切好的种薯，也可以用草木灰加杀菌剂一起拌种。加入杀菌剂的目的是为了防止地下害虫、芽块腐烂、细菌病害的发展及其他土传病害的发生，切完芽块要马上做药剂拌种(包衣)。具体做法及使用农药如下：

1）草木灰拌种：切块后每50kg种薯用2kg草木灰和100g甲霜灵加水2kg进行拌种。

2）药剂拌种：目前在一些地区难以找到草木灰，或者因为种植面积大，草木灰拌种不方便时，可用其他材料代替草木灰加农药拌种。

例如，用2kg 70%甲基托布津加1kg 72%的农用链霉素均匀

拌入50kg滑石粉成为粉剂，每50kg种薯用2kg混合药拌匀，要求切块后30min内，均匀拌于切面；也可用百菌清、多菌灵等替代甲基托布津。在晚疫病发病严重的地区，或种薯可能带有晚疫病时，可再加入同样数量的甲霜灵锰锌等具有保护性和内吸性作用的杀菌剂。拌种剂中还可以加入杀虫剂噻虫嗪70%可分散性种子处理剂等。

小贴士：

药剂拌种防治的主要对象有三个：晚疫病菌、细菌、半知菌类的真菌。在选择药剂时要分别选择防治晚疫病菌、细菌和半知菌真菌的药剂。

◇ 防晚疫病的药剂有：克露、甲霜灵锰锌、杀毒矾、阿米西达等；

◇ 防细菌的药剂有：硫酸链霉素、春雷霉素等；

◇ 防半知菌类真菌的药剂有：适乐时、满适金、多菌灵、甲基托布津等。

将拌好药粉的芽块放到通风且保温的地方，最好随切随拌，放置在闲房24~48h即可播种，不能堆积时间过长，如果切后堆放几天再播，往往造成芽块垛内发热，使幼芽伤热。伤热的芽块播后有的会烂掉影响全苗，有的出苗不旺，细弱发黄，像感染病毒病一样。

3. 确定密度及计算用种量

生产马铃薯时，要按照预计的播种面积来准备相应数量的种薯，或者根据已有的种薯数量来确定播种面积，以免给生产造成损失。播种密度取决于品种、用途、施肥水平等因素。如同样进行商品薯生产，早熟品种播种密度应当比中晚熟品种大一些。用作炸片原料薯和淀粉加工原料薯的品种播种密度应当比用炸条品种的大一些。作为脱毒种薯生产，播种密度应比商品薯的大一些。一般说来，早熟品种播种密度每亩应该在4000～5000株之间，晚熟品种播种密度每亩应当在3000～3500株之间，炸片原料薯生产的播种密度每亩应当在4500株左右，炸条用原料薯生产的播种密度每亩应该在3000株左右，淀粉加工用原料薯的播种密度每亩应当在3500～4000株之间，种薯生产的播种密度应当在5000株以上。

同样的品种，如果在土壤肥力较高或施肥水平较高的条件下，可适当增加播种密度，反之，则应当适当降低播种密度。具体的株距和行距，应根据品种特征特性和播种方式来确定。如果用机械播种和收获，则应考虑到播种机、中耕机和收获机的作业宽度来决定行距和株距，种薯用量、播种面积、播种密度与株距、行距的关系如下：

种薯用量(kg)＝切块重量(kg)×播种密度(株/亩)×计划播种面积(亩)

播种密度(株/亩)＝667(m^2/亩)÷[株距(m)×行距(m)]

例：某农户2014年计划栽培10亩马铃薯，确定0.7m行距，0.3m株距，则播种密度为3176株/亩。如果1kg种薯拟切40块，即平均每个切块重0.025kg，10亩地所需种薯数量依上式计算为：

0.025kg×3176株/亩×10亩＝794kg

依据上式所计算出的种薯用量，是指实际需要量，在切块时还要剔除病薯等不合格种薯，因此在购买种薯时，一般需要打出余量。

第二节 播种

播种工作是马铃薯高产栽培的关键性工作之一。马铃薯生产用种量大，在大田作物中是人工播种要求最精细的作物，其播种质量要求应当向蔬菜作物方向努力。马铃薯大面积生产地区已经逐渐走上机械化播种的道路。

一 播种期的确定

适期播种对植株的生长发育和以后产量的形成均有重要的影

响，是高产栽培的重要基础，所以必须注意生产的季节性。我国种植马铃薯的地区地域辽阔，地域、地理、气候复杂，几乎常年有播种马铃薯、收获马铃薯的地方，交通的便利、市场的需求已经开始刺激马铃薯的周年生产。选择确定各地的适宜播种期的试验研究非常活跃，很多农民也非常关注这项技术。根据理论和种植户多年的实践经验，以及近十几年各地农技部门的试验结果，认为确定适宜播种期应从以下几个方面考虑：

小知识　　梦生薯

种薯幼芽开始伸长，但遇低温便停止了生长，而种薯中的营养还在继续供给，于是营养便被贮存起来，使幼芽膨大形成的小薯块叫作梦生薯，俗称“抱蛋”。在生产中这种现象被农民误认为是薯种优良、早熟、高产的表现，其实梦生薯不再发芽出苗。这种情况一般造成缺苗10%左右，严重影响产量和效益。

理论上这个时期的平均气温不超过23℃，每天日照时数不超过14h，并有适当的降雨量。此外还要了解马铃薯在当地通过各个生育期所需要的时间，反推过来计算，把结薯期安排在适宜的季节来确定播种时期。

2. 在北方一季作区和二季作区春播时，要考虑地温

地温过低会直接制约种薯发芽和出苗。种薯经过播前处理，体温已达到6℃左右，幼芽已经开始萌动或开始伸长，如果这个时候，地温低于芽块体温，不仅限制了种薯继续发芽，有时还会出现“梦生薯”，或者出苗后受到霜冻等不良危害。为避免这种现象的出现，催过芽的种薯一般在当地正常晚霜前25～30天，当10cm地温稳定通过5℃，以达到6～7℃时进行播种为宜。一

季作区播种时间大致在4月中下旬或5月上旬；二季作区播种时间大致在2月下旬和3月上旬。未经过催芽处理的种薯可适当提早播期。

3. 要考虑土壤墒情

虽然马铃薯发芽对水分要求不高，但到出苗期以后，则需要一定的水分。在高寒干旱区域，春旱经常发生，要特别注意墒情，可采取措施抢墒播种。土壤湿度过大也不利，在阴湿地区和潮湿地块，湿度大，地温低，这就要采取措施晾墒，如翻耕或打垄等，不要急于播种。土壤湿度以“合墒”最好，即田间持水量在60%左右。

二 播种方法

马铃薯为中耕作物，因块茎在地表下膨大形成，所以比较适合于垄作栽培。垄作可以提高地温，促使早熟，虽不抗旱，但能防涝。垄作便于除草和中耕培土，也便于集中施肥，便于灌溉。垄体高出地面，经铲地和中耕松土，有利于气体交换，为块茎的膨大提供良好的环境条件，大部分国家和我国大部分马铃薯栽培区，都采用垄作栽培形式。但有些干旱沙土地区，为了春季保墒，加之沙土地排水不困难，也会采用平播方式。

1. 垄作栽培

垄作栽培的播种方式是多种多样的，各地有各地的特点，各种方法各具有优缺点，使用中应和当地当时条件结合，以有利于保苗和后期管理为主要考虑。根据播种时薯块在土层中所处的位置，大体上可以把复杂多样的播种方法分成三大类。

（1）垄上播 即把种薯播在地平面以上或是与地表一平。适合春季土壤冷凉黏重的地块和秋季涝灾频繁出现的地区。因薯位高，可防止结薯期涝害引起的烂薯问题。北方春旱地区与寒冷地区，春季翻地重新起垄易跑墒，多使用原垄垄上播，以利于保墒出苗。对于水旱轮作水稻田前茬的地块也是比较适合的。常用的垄上播的方法是原垄开沟耥种，即用犁在原垄顶上开成沟，深浅

可根据土壤墒情，一般在15cm左右，不能太浅太窄，把小整薯播在浅沟中，同时把有机肥也顺沟施入，最后用大犁走原垄沟覆土，把土覆到垄顶上合成原垄，镇压一遍。垄上播的特点是垄体高，种薯在上，覆土薄、土温高，能促使早出苗、苗齐、苗壮。但因覆土薄、垄体面大蒸发快，故不抗旱，若遇到严重的春旱往往会导致缺苗断条。为防止出现这种现象，最好的办法就是采用整薯播种。这一播种方法不宜多施入种肥。

（2）垄下播 即把种薯种在地平面以下。常用的垄下播方法：一是点老沟播种法。即在原垄沟中点播种薯，施有机肥，然后用犁破开原垄合成新垄，最后镇压一遍。这种方法省工省时，点种、施肥、合垄覆土可分别同时进行，播种速度快，利于争取农时。北方许多地区粗放经营多用这种方法。但所选地块的垄沟应该干净，前作为小根茬，最好是秋起垄，或经播前清理的地块。如果在前茬较荒的地块原垄沟播种，由于落地草籽被深埋，挂锄后常引起草荒，影响产量和收获质量；二是原垄引墒播种。类似上法，但先在原垄沟中趟一犁，趟出暄土，露出湿土，然后把小整薯点播在上面，施入有机肥，再破开原垄合成新垄以覆土，最后镇压。此法是对传统点老沟办法的改进，有的地区采用犁后和两侧加深松装置，拓宽和加深耕松面积，具有明显的增产效果。

（3）平播后起垄 在上年秋翻秋耙平整的地块上，一般可采用平播后起垄的播种方式。平播的主要目的是利用春季田间良好的墒情，减少耕作时土壤多次翻动跑墒的机会。平播后起垄有随起垄和出苗后起垄两方式，具体做法如下：

按设计行距开沟，多为机械开沟，小块地人力开沟。开沟要使用划印器，开沟深度一般不超过10cm，播小整薯，注意施有机肥和种肥于沟内，人工或机械覆土。随翻随起垄，在两沟之间起犁，向两沟内覆土，因覆土不能过厚，所合成新垄为小垄，随后进行镇压。不起垄的，开播种沟可稍深些，播种施肥后，用长耢子覆土，随后进行镇压；出苗后起垄的，待出苗后进行第一次中耕起垄。

【提示】 平播地土质疏松，播种用催壮芽的小种薯，可采用趟蒙头土、钉齿耙耙苗等除草松土技术。所以，平播后起垄适宜发挥机械化作业的优势，栽培技术复杂一些。

2. 平作栽培

我国南方沙壤土种植马铃薯多用平作方式。一般平播后不起垄，缩小行距至30cm，以增施肥料，增加密度，提高产量。

前作物收获后，即结合施入有机肥料进行土地的耕翻和多次耙耱。播种前再进行一次耙耱，使土地平整，达到播种状态。

如果土壤墒情不好，为保墒，可改用人工挖穴栽植，播后用耱顺行耱一次，再横向耱一次，使地表达到润、平、细的程度，即地平如镜、土细如面、上虚下实、防风保墒。

三 播种深度

播种深度受土壤质地、土壤温度、土壤含水量、种薯大小及生理年龄等因素的影响。当土壤较黏重时，播种深度应浅些；而土壤沙性较强时，应适当深播一些。当土壤温度低、含水量大时，应浅播，覆土厚度3~5cm；如果土壤温度较高，土壤含水量较低，应深播，覆土厚度10cm左右。种薯较大时，应适当深播；如果种植微型薯等小种薯，应适当浅播。老龄薯应在土壤温度较高时播种，并比生理壮龄的种薯播得浅一些。

四 播种方式

1. 人工播种

适合于小面积种植马铃薯，这种情况在我国西南地区相当普遍。近年来在我国南方推广的稻草覆盖种植马铃薯也多采用人工播种。在我国北方地区，虽然每户农民马铃薯种植面积比较大，但由于春天播种时，土壤墒情不好，为保墒一般不用畜力开沟播种，而普遍采用人工挖穴种植，随种随埋，一块地种完后统一耙平保墒。

2. 畜力播种

当马铃薯播种面积较大，又缺乏播种机械时，利用畜力开沟

种植马铃薯是一种较好的选择。如果安排适当，一天可以播种5~10亩，但播种需要多人密切配合。利用畜力播种时，可先开沟将肥料与种薯分开，然后再用犁起垄。

3. 机械播种

随着马铃薯生产的规模化、集约化经营，利用机械播种是马铃薯种植的必然趋势。根据播种机械的不同，每天播种面积不同，小型播种机械每天可播种 20 ~ 30 亩，中型机械每天播种 50 ~ 80亩，大型机械每天可播种 100 ~ 200 亩。

采用机械播种可以将开沟、下种、施肥、施除地下害虫农药、覆土、起垄一次完成。但一定要调整好播种的株、行距（播种密度），特别是行距必须均匀一致。播种机行走一定要直，否则在以后的中耕、打药、收获作业过程中容易伤苗、伤薯。

第三节　田间管理

一　除草

杂草与马铃薯争水、争肥、争阳光、争空间，对产量影响最大。杂草还是许多病、虫的寄主，可向马铃薯传播病虫害。除草应坚持除早、除小、除净的原则，特别是那些常常与马铃薯植株伴生的杂草，如形态相似的茄科杂草龙葵（俗称天星星、黑天天等，是马铃薯生长后期杂草），容易在锄地时被漏掉，后期生长繁茂，结果期长，对马铃薯危害很大，要坚持除草至收获前。

除草方法有人工除草、机械除草、药剂除草。

1. 人工除草

人工除草是通过人工铲地完成的，是农户田间管理投入人力最大的一项工作。

（1）苗前铲地　野生杂草适应性强，早春气温上升后，马铃薯还没出苗，早春杂草已经开始发芽、出土，宿根性杂草已出叶，特别是采用原垄垄上播地块杂草发生和长势迅猛，应采用苗前铲地。铲地时垄上垄沟都要铲，此时效果极好，还有利于提高地温促进出苗。

（2）铲头遍地 田间全苗后应立即铲头遍地，重点是疏松土壤，提高地温，促进根系发育，以达到根深叶茂。可在苗的近周深铲，马铃薯根系的再生能力较强，即使铲断少量根系，也能再生多量的新根。铲后应经晾晒将杂草晒死后再中耕。

（3）铲二遍地 发棵后植株株型已基本确定，消灭杂草，促使植株成长为丰产株型，是管理的主要目标。丰产株型应是茎秆粗壮，直立不倒，叶片肥厚润泽，叶色浓绿，不落蕾，开花繁茂，长势茁壮。这个时期因田间状况决定铲一遍或二遍（即铲二遍后铲三遍）。对于封垄后仍然比较荒的地块要进行人工拔草（俗称拿大草）。

2. 药剂除草

小面积种植时，通过翻、耙等农艺措施和人工除草等办法可以解决杂草危害的问题，但随着马铃薯种植面积的不断扩大，特别是大型农场现代化种植，为马铃薯田杂草的防除技术提出了更高、更迫切的要求，也就越来越凸显出药剂除草在马铃薯生产中的重要作用。化学除草由于有高效、彻底、省工、省时，且便于大面积机械化操作的优点，便成为马铃薯现代化栽培的主要内容之一。

马铃薯田使用化学除草剂注意事项：

◇ 初次使用时，要进行试验示范后再大面积使用，防止产生药害；

◇ 要根据杂草的类型选择除草剂；

◇ 施药可采用人工背负式喷雾器和拖拉机牵引或悬挂式喷雾器；

◇ 喷施要均匀周到，雾滴细密均匀，单位面积用药量准确；

◇ 土壤湿润是发挥药效的关键；

◇ 施药时要做好安全防护，勿使药剂污染水源；

◇ 选择除草剂时要选择较规范厂家生产，质量、效果、安全性比较稳定的农药。

马铃薯田除草剂的使用按使用时期可分为两类，即苗前土壤封闭除草、苗后茎叶处理除草（表4-1）。

表4-1　马铃薯田除草剂的使用

使用类别	农药名称及剂型	每公顷用量	备　注
苗前土壤封闭除草	嗪草酮	70%嗪草酮可湿性粉剂0.525～0.6kg，兑水300～450kg	均匀喷雾于地表
	乙草胺混嗪草酮	70%嗪草酮可湿粉剂0.45～0.6kg混90%乙草胺乳油1.7～1.95kg，兑水300～450kg	均匀喷雾于地表
	异噁草松（广灭灵）混嗪草酮	48%广灭灵乳油0.3～0.45kg混70%嗪草酮可湿性粉剂0.45～0.6kg，兑水300～450kg	均匀喷雾于地表，该配方杀草谱广，且对马铃薯安全无后作问题，但使用成本较高
苗前土壤封闭除草	嗪草酮混异丙草胺	70%嗪草酮可湿性粉剂0.525～0.6kg混50%异丙草胺乳油0.3～0.375kg，兑水300～450kg	均匀喷雾于地表
苗后茎叶处理除草（禾本科杂草3～5叶期）	烯禾啶乳剂	12.5%烯禾啶乳剂1.2～1.5kg，兑水300～450kg	选择性除草剂，对马铃薯安全
	精喹禾灵	5%精喹禾灵乳油0.9～1.2kg，兑水300～450kg	选择性除草剂，对马铃薯安全
	精吡氟禾草灵	15%精吡氟禾草灵乳油0.75～0.975kg，兑水300～450kg	选择性除草剂，对马铃薯安全
	烯草酮	12%烯草酮乳油0.525～0.6kg，兑水300～450kg	选择性除草剂，对马铃薯安全

1）苗前土壤封闭除草技术：使用封闭性除草剂，可以在播种前进行，也有的在播后马铃薯出苗前进行。这类除草剂，通过杂草的根、芽鞘或胚轴等部位吸收药剂有效成分后进入杂草体

内，在生长点或者其他功能组织部位起作用杀死杂草。可使用的除草剂有防除禾本科杂草和部分双子叶杂草的乙草胺、异噁草酮，以及防除藜、蓼、苋、荠菜、萹蓄、马齿苋、苣荬菜、繁缕、荞麦蔓、苍耳、龙葵等阔叶杂草的嗪草酮等药剂。即可选择单剂也可为了扩大杀草范围选择两种不同药剂混用。

2）苗后茎叶处理除草技术：一般在禾本科杂草3～5叶期进行茎叶处理。在苗后茎叶处理时使用选择性除草剂，可以同时喷在杂草和马铃薯上；使用非选择性除草剂时，只能喷在杂草上，而不能喷在马铃薯植株上。

3. 机械除草

主要通过耙、耢、趟来完成的。对不同耕层、不同时期萌发的杂草嫩芽作用最大，对大的杂草主要是起埋压作用，抑制杂草的竞争力。

二 中耕培土

马铃薯是以地下块茎为收获产品的作物，只有为其创造良好深厚的土壤环境才能多结薯、结大薯。如果结薯土层浅薄，会经常发生匍匐茎末端不膨大而不能形成块茎，而穿出地面形成地上茎（俗称窜箭），减少结薯数量的现象，或者块茎外露变绿，降低块茎的食用价值。因此，中耕培土对于马铃薯高产栽培具有重要的意义，是田间管理的重要环节。无论是垄作还是平作马铃薯，都要在地下匍匐茎顶端膨大结薯时，地上部分封垄前，完成培土工作。

培土和中耕是一致的，中耕和深松才能保证培土时用的是暄土，中耕使耕层松实适度，前期有利于根系发育，后期有利于地下匍匐枝形成，顶端膨大早，结薯部位下降，匍匐枝顶端向地下方向扎，使结薯分布均匀，分布合理，有利于提早结薯、结大薯，特别有利于块茎发育均匀，薯形正常，提高商品薯的质量，提高产品的出售价格。

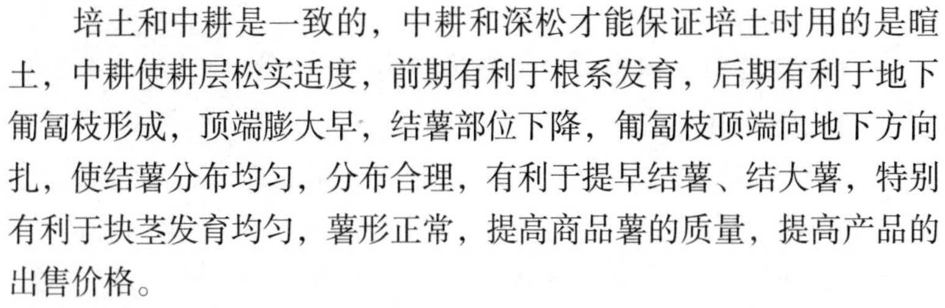

垄作马铃薯中耕松土、培土不应少于3次，并与除草、追肥

结合起来。

(1) 苗前耥地　对播种较浅的地块应进行苗前耥地，用犁耥一遍垄沟松土，同时也起到覆土、除草、提高地温（放寒气）的作用。

(2) 头遍中耕　在铲头遍地之后，耥时应深但上土应少。如果有深松条件，可以在铲后先深松、后浅耥多坐土、少上土，使根系下扎，幼苗粗壮。千万别形成尖垄，给以后上土造成困难。

(3) 二遍中耕　铲二遍地之后进行，可结合对垄体深松。近年来，扩大垄体深松创造高产的经验事例很多，深松的作用大大好于耥垄的效果。

(4) 三遍中耕　最后一次耥地（即封垄）。大犁必须加上土板，在深耕的基础上保证植株根际周围上足土。

三　施肥技术

肥料是提高土地肥力，调节农作物营养，获得农业稳定高产的必不可少的物质基础。俗语说“有收无收在于水，多收少收在于肥”。马铃薯是对肥料需求较高的作物，但是，施肥量与马铃薯产量之间，不是简单的增减关系。在一定范围内，多施肥可以多增产，但若超出了这个范围，盲目的多施肥、滥施肥，不仅造成肥料的浪费，还会出现地上部分贪青徒长、病虫害发生严重等问题，从而造成减产。就是说，施肥也讲究科学，“施肥不在于多，而在于巧”。那么马铃薯应该采取什么样的施肥技术呢？肥料的种类如何选择？用量又如何确定？下面分别加以说明。

1. 肥料的种类

(1) 马铃薯常用肥料分类及使用方法　肥料的种类又分有机肥（农家肥）和化肥。

1）有机肥（农家肥）：在有机肥料充足的地方，马铃薯种植最好以有机肥为主，以化学肥料为补充。有机肥在我国肥源广，数量大，成本低，不仅含有马铃薯生长所需的氮、磷、钾三大肥料要素和中量、微量元素，还含有具有刺激性的有益微生物，是化肥不可比拟的。同时，有机肥中含有大量有机质，在微生物的作用下，进行矿质化、腐殖化，可以释放出大量二氧化碳，既能供给马铃薯植株吸收，又能使土壤疏松肥沃，增进透气性和排水性，适宜于块茎膨大，使块茎整齐、个大、表皮光滑。另外，有机肥无污染、无残留、无公害，是生产绿色食品、有机食品的最佳肥料。使用农家肥的种类，以腐熟捣细的厩肥（牲畜圈肥）、绿肥（堆肥）、沼气碴肥、草木灰等为最好。有机肥的 1 亩地施用量应达到 3000kg，总量的 100% 都要作为基肥使用，在播种前整地时，均匀撒于地表，用圆盘耙或旋耕机充分与土壤混合，待播种；或在播种时集中进行沟施。施足有机肥后，再根据情况施用适当数量的化肥。

2）化肥：氮肥在肥料中是最容易流失的。在低温多雨年份，特别是缺乏有机质的沙土或酸性过强以致影响硝化作用的土壤中，往往容易发生缺氮现象。

① 马铃薯生产中常用的化学氮肥：

【尿素】 有机酰胺态氮肥，白色针状或棱柱状结晶，是固态氮肥中含氮量最高的品种。易溶于水，在干燥的条件下，有良好的物理性状，但在高温高湿条件下，易于潮解。尿素在土壤中要经过一段时间转化，肥效比铵态氮或硝态氮肥迟一些，作为追肥时要提前几天施用。

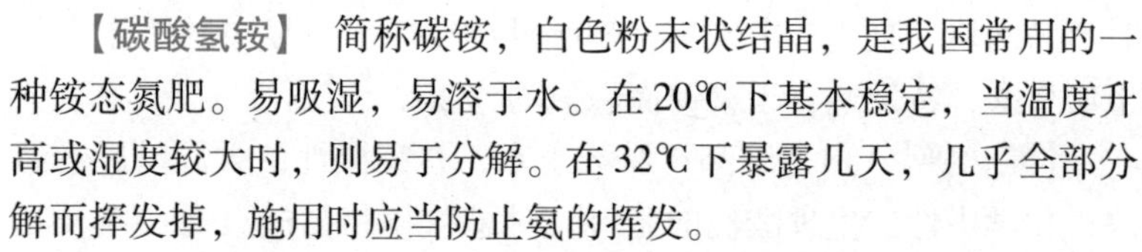

【碳酸氢铵】 简称碳铵，白色粉末状结晶，是我国常用的一种铵态氮肥。易吸湿，易溶于水。在 20℃下基本稳定，当温度升高或湿度较大时，则易于分解。在 32℃下暴露几天，几乎全部分解而挥发掉，施用时应当防止氨的挥发。

② 马铃薯生产中常用的化学磷肥：磷肥在马铃薯需肥三要素总量中所占比重虽不高，但其作用是不可忽视的，生产上有些农户错误地认为磷肥作用不大，可施可不施，可多施也可少施，致使影响了马铃薯产量的提高。因为缺磷现象常在各类土壤中发生，特别是酸性和黏重土壤，有效磷往往被固定而变成无效态，且移动性小，当年利用率低，所以施用量要大，特别要注意根据

不同土壤性质，选用不同种类的磷肥。如酸性土壤，施用磷肥效果好，利用率高，过磷酸钙、钙镁磷肥、钢渣磷肥、磷矿粉和骨粉都适用。石灰性土壤，一般只能施用水溶性磷肥过磷酸钙，而难溶性磷肥如磷矿粉和骨粉很难被利用。钙镁磷肥和钢渣磷肥，在碱性土壤中利用率非常低。马铃薯生产中常见的磷肥有以下三种：

【过磷酸钙】 除含有磷外，还含有50%的硫酸钙、硫酸铁、硫酸铝及游离酸等。水溶液呈酸性反应。吸湿性不大，但若含有过量的游离酸或贮藏在潮湿的地方，会吸湿结块，并腐蚀包装材料。

【重过磷酸钙】 是一种高浓度的水溶性磷肥，适合长途运输。不含石膏、硫酸铁、铝，吸湿后一般比硫酸钙稳定，粉状的易结块。腐蚀性比过磷酸钙强。

【磷酸二氢铵】 一种氮、磷二元复合物，马铃薯种植中使用较多，灰白色颗粒，易溶于水。其所含的氮、磷养分均是有效的，各种作物、土壤均可施用，既可以作为基肥，也可以作为追肥或种肥。作为种肥时，要避免与种薯接触。

③ 马铃薯生产中常用的化学钾肥：马铃薯是高需钾的作物，常见的钾肥有以下三种：

【硫酸钾】 白色或浅黄色结晶，易溶于水，吸湿性小，贮存时不易结块，是化学中性、生理酸性的肥料。长期单独施用可使土壤变酸，特别适合于喜钾而忌氯的作物。

【氯化钾】 白色结晶，易溶于水，有吸湿性，久贮以后会结块，化学中性、生理酸性的肥料。对忌氯作物品质会有影响，不宜用作追肥，作基肥时要提前施用，使氯淋洗至土壤深层。

【磷酸二氢钾】 一种磷、钾二元复合肥，为灰白色粉末，吸湿性小，物理性质好，易溶于水。但由于价格昂贵，一般多用于根外追肥（叶面喷施）和浸种。

选择钾肥的品种时，需要注意的是：以上钾肥中如使用磷酸钾最好，但价格较贵，货源比较短缺，氯化钾也是比较好的钾肥，其有效成分比硫酸钾略高，且价格便宜，在施用量较少的情况下，如每亩50kg以下，特别是磷肥充足的情况下，是没有问题的。因为主要考虑氯化钾有氯离子的存在，以前，人们认为氯元素影响马铃薯块茎品质，所以把马铃薯列入“忌氯作物”，在马铃薯生产中从不使用含氯化肥。实际氯也是马铃薯体内不可缺少的重要营养元素之一，它在马铃薯体内与磷是成对的关系，二者以总量平衡的方式在体内存在，即占各种无机元素总量的15%左右，其中氯多了，磷就少了，而磷多了，氯就少了。如果施用过量的氯化钾，马铃薯吸收氯多了，就排挤了磷，磷在体内减少了，影响与磷有关的代谢功能，也就影响碳水化合物的运转、积累，淀粉含量就会降低。相反，磷肥充足，体内吸收了充足的磷，氯也自然不会过多。另外，生物有自我调节能力，即使氯在土壤中过多，马铃薯体内也不可能全部吸收氯，而把磷全部排挤掉。所以，适量施用氯化钾作为钾肥，对马铃薯是没有问题的。

小知识：常用的化肥有效成分

氮肥的含氮（N）量——硫酸铵为20%，氯化铵为25%，硝酸铵为35%，尿素为46%，碳酸氢铵为17%，石灰氮为20%，磷酸二氢铵为18%。

磷肥的含磷（P_2O_5）量——过磷酸钙为17%，重过磷酸钙为40%，磷酸二氢铵为46%，钙镁磷为16%，磷酸二氢钾为27%。

钾肥的含钾（K_2O）量——硫酸钾为50%，硝酸钾为44%~46%，氯化钾为60%，磷酸二氢钾为24%。

④ 马铃薯生产中常用的复合肥：

【三元复合肥】 含有马铃薯等农作物所需要的氮、磷、钾三种营养元素，根据土壤和作物养分需求的不同，三种养分的含量不同，如通用性的氮—磷—钾为15－15－15、16－16－16等，马

铃薯专用型高氮、高钾的如 15－10－20、16－8－18、15－9－21 等，还有基肥、追肥配套使用的专用肥，如基肥 12－19－16，追肥 20－0－24 等。

【多元复合肥】 除了氮、磷、钾三种养分外，还含有马铃薯等农作物需要的微量元素养分。根据土壤和作物情况不同，三种大量元素养分的含量不同，加入的微量元素也不同。

【复混肥料】 是复合肥料的一种，是指通过几种单元肥料（只含有一种营养的肥料即为单元肥料，如只含有氮素营养的尿素），或单元肥料与化学复合肥料简单机械混合，有时经过二次加工而制成的复合肥料。

可以根据土壤条件，农家肥施用的情况来选择不同种类和不同品种的化肥，尽量避免只用单一的单质化肥。

（2）确定肥料用量 施肥量涉及许多因素，需要根据马铃薯的需肥规律，土壤性质，前茬作物种类，土壤肥力，品种的特性和产量指标等而定。马铃薯是高产作物，需肥量较多，没有足够的肥料难以达到高产的要求。

从马铃薯的这种需肥规律中可以看出，马铃薯生长需要的钾肥最多，氮肥次之，磷肥较少。但也不可盲目的生搬硬套，否则不但会使马铃薯的营养失去平衡，也会浪费肥料，增加成本。因此了解马铃薯需肥量之后，具体施肥量还要根据土壤肥力情况来决定，一般可根据两种方法来确定马铃薯的施肥量。

1）利用土壤基础肥力和目标产量估算施肥量。土壤基础肥力是指在不施任何外来肥料的情况下，能收获的马铃薯块茎产量。对于土壤肥力的测定最好以不施肥的地块做对照，此法除了应了解基础肥力（不施肥）外，还要确定其目标产量。如果马铃薯在不施肥的地块上亩产 500kg，要想亩产 2500kg 马铃薯块茎，可以按以下方法确定其氮、磷、钾的需要量。

一般氮肥当年利用率为 55%，磷肥当年利用率为 15%，钾肥当年利用率为 60%。据分析，一般每生产 1000kg 块茎需氮素 5～8kg，磷素 1.5～2.0kg，钾素 10～13kg。我国提出的氮、磷、钾的比例为5∶2∶11（kg）。基础肥力为500kg，则应按每亩另外的2000kg块茎的需肥量施入土壤中，才能达到2500kg的产量。

基础肥力以外生产的2000kg块茎每亩需要氮素2.0×(5～8)＝10～16kg，由于氮肥的利用率为55%，则需要施入氮（10～16）÷0.55＝(18～29)kg；磷素2×(1.5～2)＝3～4kg，磷的利用率为15%，则需要施入磷（3～4）÷0.15＝20～27kg；钾素2×(10～13)＝20～26kg，钾的利用率为60%，则需要施入钾（20～26）÷0.6＝33～43kg。经折合，每亩需要含氮46%的尿素（18～29）÷0.46＝39～63kg，含磷18%的过磷酸钙（20～27）÷0.18＝111～150kg，含钾50%的硫酸钾（20～26）÷0.5＝40～52kg。

以上数据有一个浮动范围，主要是因为马铃薯的品种不同，其需肥特性有所不同。另外，在沙性大的土壤上还可以适当增加些肥料，以防养分流失达不到预期结果。同时土壤还受温度、湿度、微生物活动及有机质含量多少等条件的影响。施肥量需要根据具体情况，因地制宜地灵活掌握，不可机械地生搬硬套。

2）利用土壤速效养分测定结果和目标产量估算施肥量。上面这种方法虽然可以估算马铃薯的需肥量，但土壤中各种养分含量差别很大，基础肥力生产500kg块茎时，土壤的某种养分可能过剩。例如，有些地方的土壤可能钾素过剩，要生产2500kg的块茎不再需要施用钾肥，因此上一种方法不是很准确的。

科学确定施肥量的方法是以土壤养分测定为基础，即测土配方施肥。与其他作物的配方施肥相同，根据土壤和所施农家肥中可以提供的氮、磷、钾三要素的数量，对照马铃薯计划产量所需的三要素的数量，提出氮、磷、钾平衡的配方，再根据配方用几种化肥搭配给予补充，来满足计划产量所需的全部营养。这样既保证了马铃薯生长和形成产量的需要，又节省了肥料和资金，还避免了因某种元素施用过多而造成减少产量的问题。应用此种方法肥料的施用量计算公式如下：

$$\text{肥料施用量}=\frac{\text{目标产量养分吸收量}-\text{土壤养分供应量}}{\text{肥料含有效养分含量}\times\text{氮肥利用率}}$$

以上计算式中目标产量的养分吸收量计算和上一种方法一样，只是需要确定土壤养分的供应量，这需要通过土壤有效养分分析后才能得到。

土壤养分供应量 = 土壤养分测定值 ×0.15 × 校正系数

土壤养分测定值分别指土壤速效氮（碱解氮）、土壤速效磷（P_2O_5）和土壤速效钾（K_2O）的含量，单位为 mg/kg。0.15 是将养分换算成每亩耕层可提供养分数量的一个系数。校正系数是马铃薯对土壤速效养分的利用率，需要进行多年的试验才能得到可靠的校正系数，在无准确的校正系数以前，可将马铃薯的校正系数暂定为 0.8（即马铃薯可利用 80% 的土壤速效养分）。

例如，当土壤速效氮为 50mg/kg、速效磷 20mg/kg、速效钾为 80mg/kg 时，并按前文提出的每生产 1000kg 马铃薯需要氮、磷、钾的比例为 5:2:11（kg）。当亩产 2500kg 马铃薯块茎时，需要补充氮、磷、钾的量如下：

氮 = 2.5 ×5 − 50 ×0.15 ×0.8 = 12.5 − 6 = 6.5kg

磷 = 2.5 ×2 − 20 ×0.15 ×0.8 = 4 − 2.4 = 2.6kg

钾 = 2.5 ×11 − 80 ×0.15 ×0.8 = 22 − 9.6 = 17.9kg

如果以尿素（含 N：46%）、过磷酸钙（含 P_2O_5：18%）和硫酸钾（含 K_2O：50%）为肥料，根据前面提到的氮肥当年利用率为 55%，磷肥当年利用率为 15%，钾肥当年利用率为 60%，则每亩应施：

尿素 = 6.5 ÷ (0.46 ×0.55) = 25.7kg

过磷酸钙 = 2.6 ÷ (0.18 ×0.15) = 96.3kg

硫酸钾 = 17.9 ÷ (0.5 ×0.6) = 59.7kg

计算肥料用量时最困难的是农家肥，因积肥没有统一标准，各种肥料的氮、磷、钾含量往往差异很大。按多数厩肥（干）平均含氮 0.93%、磷 1%、钾 1.31% 计算，上述亩产需要施用厩肥每亩 1200kg（干）。如果在土壤缺钾的情况下可在厩肥中加入硫酸钾 12kg，以满足马铃薯对钾肥的需要量。

（3）施肥的时期与方法 根据前面所提到的马铃薯生长规

律，前期为根、茎、叶的建造，匍匐茎和块茎的形成，中期地上部分基本稳定，是块茎膨大期、后期，即为干物质积累期，应保护叶片，保持叶面的光合效率，保证薯块淀粉等干物质足够的积累，收获高质量的薯块。从上述情况来看，马铃薯生长前期和中期是吸收营养的关键阶段，而且提供的营养成分必须提前到位才能确保生长时的需要，不能等到营养“透支”，植株有缺肥表现时再补肥。因此，对施肥有“前重后轻”或者“以基肥为主，以追肥为辅”的说法。

从马铃薯地上植株生长最佳状态的控制方面看，要达到“前促、中控、后保”的要求。前期促茎叶根系生长，中期控制地上植株茎叶不出现疯长，转入地下部分块茎的生长和膨大；后期提供一定的营养，保证叶绿且不脱落，使光合作用正常进行，制造更多的有机营养。

【提示】 马铃薯施肥的总原则：肥料种类以农家肥为主，化肥为补充；施肥方法以基肥为主，追肥为辅。施肥时间上前重后轻。

1）基肥重施。作为基肥施用的化肥最好和有机肥混合后施用，播种时对作物比较安全，不会导致烧根等不良影响的发生。

施用方法：把所用化肥总量的65%左右在播种前撒在地面上，然后用圆盘耙或旋耕机使肥土混合，待下步播种。这样可以避免肥料直接与种薯接触，合垄后就可以将肥料和种薯同时埋在地里。这样肥料离种薯近，便于根系的吸收利用，可促进植株的快速生长。由于肥料深施到土壤中，不易挥发损失，可提高肥料利用率。也可以在播种时沟施，沟施一定要注意避免肥料与种薯接触，特别是施肥量较大的时候。追肥时可按行的方向开一条施肥沟，施肥后用土覆好，或者在施完肥料后立刻进行中耕培土，将肥料覆盖好。

2）追肥早施。一般在土壤肥力水平较高的情况下，为了避

免基肥氮素过多，常把 2/3 的氮肥用作基肥，1/3 用作追肥。因氮肥多为速效肥料，在植株生长至现蕾期前后追肥仍会发挥最大的效用。但追肥不宜在植株封垄和开花后施用，以免地上部分徒长，影响块茎膨大速度或熟期延迟，所结的大薯水分过大、不耐贮藏易烂。一般在出苗后 20～25 天，现蕾前，匍匐茎顶端开始膨大，要进行第一次追肥，可以把肥料撒入田间，然后结合浇水（最好是喷灌），使肥料溶化渗入土中，也可以在垄两侧开沟，人工将肥滤入沟内，但不要太靠近植株，离开 5cm 左右，结合第二次中耕培入垄中。

3）叶面肥。作物除了通过根系吸收养分外，叶片也能吸收养分，叶面施肥又称根外追肥或叶面喷肥，这是生产上常用的一种施肥方法。它的突出特点是针对性强，养分吸收运转快，可避免土壤对某些养分的固定作用，提高养分利用率，且施肥量少，适合于微肥的施用，增产效果显著，尤其是土壤环境不良，水分过多或干旱低湿条件，土壤过酸或过碱等因素造成根系吸收作用受阻或作物缺素急需补充营养，以及作物生长后期根系吸收能力衰退时，采用叶面追肥可以弥补根系吸肥不足，取得较好的增产效果。叶面施肥也是马铃薯生产中常用的施肥方法之一。一般使用喷灌机或打药机或背负式机动喷雾器或手动喷雾器，结合农药进行叶面喷施。叶面肥的施用要注意以下几个问题：

第一，叶面肥的浓度：在一定浓度范围内，养分进入叶片的速度和数量，随溶液浓度的增加而增加，但浓度过高容易发生肥害，尤其是微量元素肥料，作物营养从缺乏到过量之间的临界范围很窄，更应严格控制；还有含有生长调节剂的叶面肥，也应严格按浓度要求进行喷施，以免调控不当造成危害。不同作物对不同肥料具有不同浓度要求，特别是微量元素和生长调节剂必须严格按照使用说明进行。

第二，叶面施肥的时间与次数：叶面施肥时，叶片吸收养分数量与溶液湿润叶片的时间长短有关，湿润时间越长，叶片吸收养分越多，效果越好。一般情况下保持叶片湿润时间在 30～

60min为宜，因此叶面施肥最好在傍晚无风的天气进行；在有露水的早晨喷施，会降低溶液的浓度，影响施肥的效果。雨天或雨前也不能进行叶面追肥，因为养分易被淋失，起不到应有的作用，若喷后3h遇雨，应待晴天时补喷一次，但浓度要适当降低。

喷施次数不应过少，应有间隔，作物叶面追肥的浓度一般都较低，每次的吸收量是很少的，与作物的需求量相比要低得多。因此，叶面施肥的次数一般不应少于2次。对于在作物体内移动性小或不移动的养分（如铁、硼、钙、磷等），更应该注意适当增加喷洒次数。在喷施含有调节剂的叶面肥时，应注意喷洒要有间隔，间隔期至少在一周以上，喷洒次数不宜过多，防止出现调控不当，造成危害。

第三，叶面肥喷施要均匀、细致、周到、雾滴细小，尤其要注意喷洒生长旺盛的上部叶片和叶的背面，因为新叶比老叶，叶片背面比正面吸收养分的速度快，吸收能力强。

第四，叶面肥混用要得当。叶面追肥时，将两种或两种以上的叶面肥混用，或将叶面肥与农药合理混用，可节省喷洒时间和用工，其增产效果也会更加显著。但混合后必须无不良反应或不降低肥效，否则达不到混用目的。另外，肥料混合时要注意溶液的浓度和酸碱度，一般情况下溶液的pH在7左右的中性条件则有利于叶部吸收。

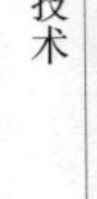

小知识：　　叶面肥种类

◇ 营养型叶面肥：氮、磷、钾及微量元素等养分含量较高，主要功能是作为作物生长后期各种营养的补充。

◇ 调节型叶面肥：含有调节植物生长的物质，如生长素、激素类等成分，主要功能是调控作物的生长发育等。适于植物生长前期、中期施用。

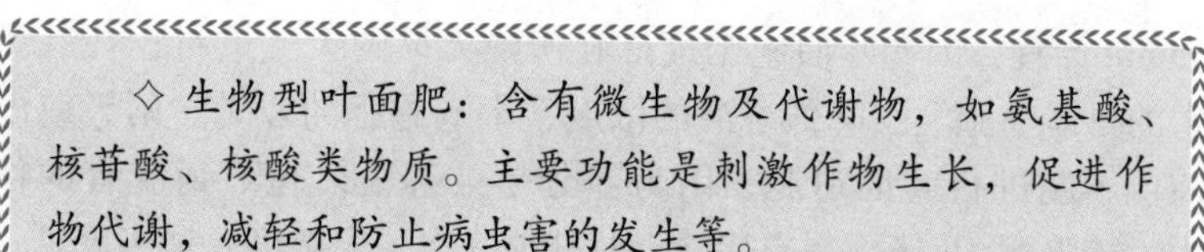

◇ 生物型叶面肥：含有微生物及代谢物，如氨基酸、核苷酸、核酸类物质。主要功能是刺激作物生长，促进作物代谢，减轻和防止病虫害的发生等。

◇ 复合型叶面肥：此类叶面肥种类繁多，复合混合形式多样。其功能有多种，一种叶面肥既可提供营养，又可刺激生长调控发育。

四 灌溉技术

灌溉和追肥与田间管理的其他技术措施一样，是积极帮助植株生长发育，促进马铃薯早熟高产的重要手段。实践证明，马铃薯全生育期如果能始终保持田间最大持水量的60%～80%，对获得高产最为有利。在灌水时，除根据需水规律和生育特点外，对土壤类型、降雨量和雨量分配时期，以及产量水平等应进行综合考虑，以便正确地确定灌水时期、方法和数量。

1. 灌水时期

马铃薯可以认为是较抗旱的作物，具有种薯抗旱保苗能力强、根系发达吸收水分的能力较好、叶片上的腺毛可吸收露水、叶片上的角质可减少蒸腾的失水量等特点。但是，具有抗旱能力不等于不需要水，因为马铃薯的主要产品块茎中含有大量水分，茎叶比较繁茂，所以整个生育期，特别是进入块茎形成期后，需要大量吸收水分，水分不足难以丰产。另外没有充足的水分也不能发挥肥料的作用，水分和养分提供的多少是生产水平高低的标志。

北方地区，苗期不宜灌溉。团棵以后到开花期，是植株地上部分生长旺盛阶段，如果干旱缺水，花蕾早期脱落，开花少而瘦，叶片中午明显卷曲，应当进行灌水。配合追肥进行灌水，可促进早熟丰产，特别是早熟品种，在幼苗期后的团棵阶段，地下匍匐茎顶端已经开始膨大，严重干旱会影响膨大和结薯数量。

结薯期是块茎形成和迅速膨大增加重量的时期，需水量最大，结薯盛期的耗水量约占植株整个生育期总需水量的一半以上。此时，如果降雨量较少，必须进行灌溉。如果第一次灌溉后天气继续干旱，应进行第二次灌溉，防止由于生理干旱造成的畸形薯发生。保证商品薯特别是加工炸片、炸条品种的薯形正常，唯一的办法就是控制水分。经灌水后，控制团棵期土壤含水量在60%，结薯盛期土壤含水量在65%～75%，结薯末期土壤含水量在60%为宜。

2. 灌水方法

（1）沟灌和畦灌 没有灌溉设施的条件下，灌水方法以沟灌为好，垄作栽培方式很适宜这种灌水方法。沟灌时，应根据情况不同确定逐沟灌还是隔沟灌，不要使水漫过垄面，以防止表土板结，如果垄条过长或坡度较大，可采用分段灌水的方法，这样既能防止垄沟冲刷，节约用水，又能使灌水均匀一致。

平作栽培灌水时，如果大水漫灌，会造成成本高，浪费水，造成土壤板结，薯块畸形或淹苗烂薯，导致减产。平作栽培灌溉之前需事先筑成小畦后灌水。灌水后要在表土微干时及时中耕松土，改善土壤的透气性，提高地温，促进养分的分解转化，以利于植株的吸收利用，这样才能更好地发挥灌水的效果。

（2）喷灌 喷灌是把由水泵加压或自然落差形成的有压水通过压力管道送到田间，再经喷头喷射到空中，形成细小水滴，均匀地洒落在农田，达到灌溉的目的，是目前马铃薯生产效果比较好的一种灌溉方式，在我国北方井灌区发展较快。其优点是灌水均匀，提高灌溉水的利用率，可达80%；由于取消田埂、畦埂及农毛渠，少占耕地，一般可节省土地10%～20%；对地形和土壤的适应性很强，不需平整耕地、修建田间农毛渠和打埂，省工省力，而且有利于农业机械化、现代化。主要缺点是受风影响大，设备投资高。

（3）滴灌 滴灌是将具有一定压力的水，过滤后经管网和出水管道（滴灌带）或滴头以水滴的形式缓慢而均匀地滴入植物根部附近土壤的一种灌水方法，是迄今为止农田灌溉最节水的灌溉

技术之一。

滴灌主要有以下几个方面的优点：

1）滴灌不受地形地貌的影响，当土壤易渗漏、易产生径流，或地势不平整，其他灌溉形式无法采用时，非常适合采用此灌溉方法。

2）水的有效利用率高。在滴灌条件下，灌溉水湿润部分土壤表面，可有效减少土壤水分的无效蒸发。同时，由于滴灌仅湿润作物根部附近土壤，其他区域土壤水分含量较低，因此，可防止杂草的生长。滴灌系统不产生地面径流，且易掌握精确的施水深度，非常省水。

3）灌溉时，水不在空中运动，不打湿马铃薯冠层叶片，可降低马铃薯晚疫病发生的机会，与喷灌相比，可降低农药的开支，减少农化产品对环境的污染。

【提示】

① 任何灌溉方式在进行时都要有人看管。

② 沟灌时经常开沟或在垄沟中打横隔拦水或顺水。

③ 灌水的次数要少，每灌溉一次都要漫润灌透。

4）利用滴灌可以精确地施肥，减少氮肥损失，提高养分利用率；还可根据作物的需要，在最佳时间施肥。

5）通过合理设计和布局，可以将机械作业的行预留出来，保证这些行相对干燥，便于拖拉机在任何时候都可以进入田间作业，也有利于及时打除草剂、杀虫剂和杀菌剂。

在我国干旱、半干旱的西北地区，该灌溉方法配合覆膜技术已开始大面积应用于马铃薯生产，并取得了良好的效果。

五 控制植株徒长

植株徒长的状况是植株节间过长，植株纤细，地上部分生长过旺，以致头重脚轻引起倒伏。由于营养的分布不合理，使块茎结得晚、结得少、结得小，严重影响产量。由于倒伏使通风透气性差，导致病害发生，成为病原中心，加快了晚疫病的流行。

（1）技术控制 高产高肥地块，一定要注意化肥和有机肥结合，因为有机肥营养元素的种类齐全，对于高剂量的化肥有缓冲作用。有机肥作为底肥，效果最好。高施化肥时一定要氮磷钾配合施用。在发棵后向结薯期转化时（大约在现蕾后到开花期）停止追施化肥和灌水。

（2）药剂控制 近年来，二季作、西南山区，使用药剂喷洒植株控制徒长已有成功的经验。所使用的药剂是植物生长抑制剂，如 PP333（多效唑）0.005% ~0.01% 或 CCC（矮壮素）0.1%等。用喷雾方法向植株的冠层上喷，要计算单位面积的喷雾需水量。

六 防治病虫害

马铃薯生长期间经常受到病虫害的侵袭和感染，如果不及时防治，会严重影响产量和块茎的品质。掌握时机、及早防治是主要原则。在防治病虫害的过程中，应运用农业技术进行综合防治，要尽量少用农药，使用低毒农药。防治地下害虫的农药应早用，尽可能减少对土壤和块茎的污染。

马铃薯生长期间，应注重管理，尽量减轻因营养失调、农药化肥污染及其他原因造成的块茎生理性病害，提高块茎的商品质量。病虫害具体防治时间及技术详见本书第五章。

田间管理窍门

【早拖耢】 在苗前进行拖耢、串垄，可起到提温、保墒、松土、灭草和拥土等作用，能促进根系发展，增加吸收能力，达到促进、带地上、蹲住苗的目的，为马铃薯根深叶茂打好基础。

【早中耕早培土】 中耕培土要分次在苗高 5 ~10cm 时进行。第一次中耕培土，上土 3 ~4cm，以暄地、灭草为主；

第二次在现蕾前进行，要大量向苗根拥土，培土应既宽又厚，要达到6cm以上。早中耕培土可以使土暄、地热和透气，增强微生物活动，加速肥料分解，满足植株生长需要。同时还可不伤匍匐茎，创造结薯多而块茎大的条件，并使后期薯块不外露，不出现青头。

【早追肥】 结合第一次中耕进行追肥，促进植株健壮，增加叶面积，增加产量。

【早浇水】 马铃薯开花时正好进入结薯期，需水量大增，有浇水条件的地方，应在开花期进行人工浇水，不能浇得太晚，以免造成徒长。

【早防治病虫害】 马铃薯的重点病害是晚疫病。对该病要根据植保部门的测报早防治，做到防病不见病。马铃薯虫害防治以地下害虫为重点，对地下害虫，要在播种时就施药，提前防治。

第四节 收获

收获是田间作业的最后一个环节，收获质量的高低，是影响产量、贮藏质量、商品质量的重要因素。只有收获及时得当，提高收获质量，减少损失浪费，才能丰产丰收，提高商品价值，获得良好的经济效益。

一 确定最佳收获期

一般来说，当植株达到生理成熟期即可收获，生理成熟的标志是：大部分叶色由绿转黄达到枯萎，茎叶中的养分基本停止向块茎输送，块茎停止膨大；块茎脐部与着生的匍匐茎容易脱落；块茎表皮的韧性增大，皮层较厚，色泽正常，此时块茎的产量基本达到最高水平。早熟和中晚熟品种在正常年份可以达到生理成熟，只有晚熟品种直到霜期茎叶仍然保持绿色，故可在茎叶被霜打死后收获。

但是马铃薯不一定必须等到生理成熟才收获，可以根据栽培目的、经济收益或对块茎的需要等情况，在最佳收获期进行收获。例如，在某些地方，蔬菜紧张季节，特别是大批马铃薯尚未上市之前，新鲜马铃薯价格非常高，此时虽然马铃薯块茎产量尚未达到最高，但每公斤的价格可能比大批量马铃薯上市时价格高出很多，每亩的产值要远远高于充分成熟时采收的产值，此时就是马铃薯的最佳收获期。因此在这样的地区种植一些早熟品种，或适当的收获一些尚未充分成熟的主栽品种，也可以获得较高的经济效益。

确定收获期时还应根据当地的自然特点来考虑，主要是考虑水分和霜冻问题。在经常有秋涝威胁的地方，应提早在秋雨出现前收获，而不必等候茎叶枯黄凋萎，这样可以确保产品的质量和数量。在秋季常有寒流出现或秋霜来得早的地方，适当早收可以预防霜冻。秋雨少，土壤疏松的地方可适当晚收。在二季作区，如果需要进行本地留种作为秋播用种，则应适当早收。在气温回升较快、蚜虫迁飞高峰到来前收获，可以减少蚜虫传播病毒的机会，提高种薯质量，而且可以使留取的种薯有足够的时间渡过休眠期。

另外，有的农民为了把大块茎的马铃薯提早上市，常采取“偷”薯的办法，即先把每株上的大的块茎掘收，而后施肥、培土、浇水。只要不损伤植株根系，马铃薯植株仍可正常生长，剩下小的块茎仍有较高的产量。

总之，在达到生理成熟之前，收获越早，产量越低，但经济价值可能会很高，所以根据当地各时期商品薯的市场价格上的差异和不同收获期块茎产量上的差异，权衡利弊，找出一个价格和产量的最佳组合，这可能就是当地商品薯的适宜收获期了。

二 收获前田间准备

1. 产量预测

为了妥善安排收获中的人畜力、工具、运输、临时堆贮和防

寒，以及冬贮准备，应对产量有尽量正确的估算，以使收获工作能顺利进行而避免遭受不必要的损失，产量预测的意义正在于此。一般测产方法如下：

（1）确定好具有代表性的点 保证所选的点代表田间实际生产情况。如果地块平坦，植株生育一致，若要求不高，可测 1 点即可；如果要求测产结果较精确，可以选 3 点或 3 点以上；如果前作不同，地势不同，或植株的生育有较明显的差异时，可以分别划区取样。

每点至少从相邻两垄各挖取 20 株，将收获的块茎进行称量，可以得到平均单株块茎重量，如有必要还可以测出每株的商品薯重量或比例。

将挖取的株数所占的长度，进行平均，得到株与株之间的距离，即株距（m）；测量行与行之间的距离可得到相应的行距（m）。

（2）计算每亩的马铃薯植株数 每亩株数 = 667 ÷（株距 × 行距）。株、行距单位为 m。

每亩的产量 = 每亩株数 × 平均单株重量。

例：某良种场的 5 亩种子田的产量预测步骤如下：

5 亩用对角线法取点 7 个，每点取样 20 株，共取样 140 株，总产 102kg。单株平均产量为 102 ÷ 140 = 0.73kg。经实测其平均株距为 0.25m，行距为 0.7m，每亩株数为 667 ÷（0.25 × 0.7）= 3810 株。每亩产量为 0.73 × 3810 = 2781.3kg，5 亩种子田预计总产为 5 × 2781.3 = 13906.5kg。

2. 收获前的准备

（1）检修收获农具，不论机械或木犁都应修好备用 特别是用机械收获时，一般面积较大，收获期长，必须对机器进行调试和保养，以保证收获时不出机械故障。

（2）根据产量的高低准备相应数量的包装袋 脱毒种薯和商品薯的包装有所不同。如果将生产的商品薯交给某些加工企业，应事先联系好符合企业要求的专用包装。收获时包装工具选择的原则是即便于保护薯块不受损伤，装卸方便，适合短途运输，又要符合经济耐用的要求。

小贴士　　　　收获时包装工具的比较

【草袋】 优点是皮厚、柔软、耐压，适合于低温条件下运输，而且价格低廉。缺点是使用率低，一般使用 2 ~ 3 次就会破烂无法使用。

【麻袋】 优点是坚固耐用，装卸方便，使用率较草袋高，袋容量大，可以使用多次。缺点是皮薄质软，抗机械损伤能力差，价格较草袋高。也可采用不能装粮食的修补麻袋包装薯块，这样还是比较经济实用的。

【丝袋】 优点是坚固耐用，装卸方便。缺点是透气性差。

【网袋】 优点是通气性好，能清楚看到薯块的状态，且价格低廉。缺点是太薄太透，易造成薯块损伤。

（3）提前杀秧　如果收获时马铃薯植株还在生长，马上收获则马铃薯的薯块较为幼嫩，容易造成机械损伤。轻微损伤可以通过块茎本身的愈伤功能，使受伤的表皮木栓化，保证块茎在以后的运输和贮藏过程中不易受到病虫害的侵染。如果机械损伤严重，块茎在运输和贮藏过程中易受到病虫害的侵染，出现腐烂现象。

因此，在条件允许时，如果块茎产量达到最高峰，或者达到生产目的，可以将地上部尚未完全枯萎的茎叶去除，这个过程称为杀秧。当植株死亡后，块茎的表面将逐渐老化变硬，提高了其抗机械损伤的能力。杀秧的处理方式有压秧、机械杀秧和药剂杀秧。

1）压秧：是指在收获前一周用磙子把植株压倒，造成轻微创伤，使茎叶中的营养物质迅速流入块茎，起到催熟增产的作

用。如果雨水过多或土质黏重则不宜压秧，以防造成土壤板结。

2）机械杀秧：是指在收获前用镰刀或专用的杀秧机械把马铃薯地上部分全部割倒或打碎，留茬 10～20cm，把秧子运出田间，以利于土壤水分蒸发，便于收获。

3）药剂杀秧：是利用化学药剂，将仍在生长的马铃薯植株杀死，一般灭生性除草剂就能起到很好的杀秧效果。

不同种植目的，杀秧的时间不同，种薯生产中的杀秧需在收获前 10～15 天进行，停止地上营养输入块茎。鲜食薯和加工原料薯，在收获前 7～10 天杀秧较为适宜。

三 收获方法

1. 人工收获

人工收获适合于种植面积小的农户，多使用铁锹或锄头之类的简单工具，速度较慢，但在一些城市近郊，每户农民仅种植数亩马铃薯，由于是逐步上市，每天能出售多少就挖多少，人工收获则十分方便。收获时，要特别小心，防止铁锹和锄头等工具将块茎弄伤。

2. 畜力收获

当一个农户种植 10～100 亩马铃薯时，如果没有合适的收获机械，使用畜力进行收获就很有必要。但畜力收获时需要多人配合。利用畜力每天可以收获数亩至近 10 亩的马铃薯。收获时需要利用特殊的犁铧，使马铃薯能全部被翻出来，便于收捡。为了保证收获干净，收获时每隔一行翻起一行，等收捡完毕后，再从头翻起留下的一行。

畜力收获的质量与使用的犁铧形状、翻挖的深度及是否能准确按行翻挖有关。如果使用的犁铧不合适，可能将块茎挖伤较多，或不能全部将块茎翻挖出来。如果翻挖深度不合适，也会将块茎挖伤较多或者遗漏。如果不能准确按行翻挖，也会将部分块茎遗漏。

3. 机械收获

当马铃薯种植面积在数百亩或上千亩时，机械收获就非常必要。另外在种植面积较大的地区，即使每个农户的种植面积只有数十亩时，也可以通过农机服务的方式利用机械进行收获。根据机械的不同，收获面积每天数十亩或上百亩。在大的马铃薯种植农场，如果利用马铃薯联合收获机和利用散装运输机械，每天收获数百亩也是可能的。

根据机械的大小、来源（进口或国产），马铃薯收获机械的价格变化很大。小型的、国产的，数千元或几万元就可能购置一套，而大型的、进口的则需要数十万元才能购买一套。因此选购收获机械时，应根据自己的种植面积、经济条件，选择适当的机械。

目前使用的马铃薯收获机大多属于挖掘机，只能把薯块翻出，经薯土分离后摆在地面上，再由人工捡拾装袋，因此收获前要配备好捡薯人员，捡薯时要分级装袋，剔除病、烂、青、伤薯块，功效较慢。而在收获季节如果晚上出现霜冻，则更应控制每天翻挖的数量。因此要根据每天的捡拾速度来掌握收获的进度。传输型联合收获机将薯和土起上振动筛以后经薯土分离后，再经过几级传送分秧后，直接吐入运输斗车上，不用人工捡拾，但需配备多辆运输斗车。目前我国只有少数特大型农场使用。

四 收获技术

提高收获质量是田间生产过程中的重要环节，也是提高商品质量的最重要关口。

在已完成杀秧作业后，掌握田间土壤湿度情况很重要。例如，在较为黏重土壤里种植马铃薯，如果收获时，土壤很干燥，则易形成大土块，增加对块茎的机械损伤，如果是用机械收获，大土块还可能损害收获机械。土壤过湿时马铃薯不易于土壤分离，必须充分晾晒。一般情况下，以土壤不成块，而且用手捏土块不成团时为宜，此时土壤含水量应有 20%左右。

在较为沙质的土壤种植马铃薯时，收获时土壤可以较湿一些，有些地方甚至在下雨后数小时就可以收获。因为收获时土壤带一定的水分可以保证块茎表面粘一层薄的沙土，可以减少薯块摩擦造成的机械损伤。

收获时要选择晴朗干燥的天气，块茎收后可适当晾晒干燥。避免雨天收获，以免病菌侵染块茎，导致块茎质量无法保证，使产量和效益受到影响。如果天气骤然降雨，已收获的块茎必须遮住，千万不要遭到雨淋，因为被雨淋过的带泥的块茎犹如“挂浆”一样不易脱掉。收获时如果湿度较大或土壤黏重，应当将马铃薯晾晒 1 ~ 2h 后，再进行捡拾，以减少收获过程中的机械损伤。人工捡拾要复翻复拣，以捡尽为原则。人工捡拾之后，分段放小堆时应随时进行分级，破损薯、轻病薯必须单独堆放。从田间往家中运输过程中，要防止机械损伤，放置地点要干燥通风遮阴，防止块茎被阳光和散射光晒后变绿。

小贴士　　收获注意事项

①坚持适时收获。

②选择晴天收获。

③收获机具必须提前检修，临时堆放场地及贮藏工作必须事先准备妥当。

④深翻细捡，反复翻耙，收捡干净，减少夹带泥土和残株。

⑤在翻掘、捡拾、装卸、拉运等各种作业中，均应做到力争减少块茎的机械损伤。

⑥严防块茎在收时或收后淋雨受冻。

⑦严防品种混杂。

⑧收后的块茎应晾干、散热，但作为食用薯勿日晒。

第五节　马铃薯贮藏技术

马铃薯的贮藏不同于其他粮食作物，它要求的贮藏条件更为严格。禾谷类作物收获后的商品粮或种子，只要达到安全水分就比较容易贮藏，而马铃薯则不同，它是粮食作物中最不容易贮藏的产品。马铃薯收获的块茎一般含水量在75%左右，在贮藏期间不要求降低水分。因为块茎水分含量高，对环境非常敏感，温度低容易冻伤，冻伤后品质下降；温度高容易生芽，生芽的马铃薯会产生毒素，无法食用；空气干燥时，水分蒸发快，增加薯块的失水损耗；空气过于潮湿，温度不均匀的情况下，又容易产生冷凝水，造成大量薯块腐烂。因此，马铃薯的安全贮藏环节比较复杂和困难。

一　块茎在贮藏期间的变化

马铃薯收获以后，仍然是一个活动的有机体，在贮藏期间，仍然要进行新陈代谢。这是影响马铃薯贮藏和新鲜度的主要因素。

马铃薯在贮藏期间，自身要经过后熟期、休眠期和萌发期三个生理阶段。

1. 后熟期

后熟期即贮藏早期。收获后的马铃薯块茎，还未充分成熟，生理年龄不完全相同，需要一定时间才能达到成熟。这个阶段称为后熟期，一般需要20～35天，期间主要表现为薯块表皮尚未完全木栓化，块茎内部的水分迅速向外蒸发，由于呼吸作用旺盛，水分蒸发较多，重量在短期内急剧减轻，同时也放出相当多的热量，使薯堆的温度增高。此间，收获运输时遭机械损伤、表皮擦伤或被挤压的块茎，进行伤口愈合，形成木栓层和伤口周皮。嫩皮逐渐木栓化变硬，增强了保护作用。随着蒸发强度和呼吸强度的逐渐减弱，而转入休眠状态。各地一般都把块茎后熟期放在窖外度过，因为窖外容易通风放热。

2. 休眠期

休眠期也称薯块静止期或深休眠期，即贮藏中期。在这一时期，块茎呼吸作用减慢，养分消耗降低到最低程度，块茎芽眼中幼芽处于相对稳定不萌发的状态。休眠期的长短因品种而异，一般短的可达2个月左右，长的可达4~5个月。如果控制好温度，可以按需要促进其迅速度过休眠期，也可以延长被迫休眠。

3. 萌发期

萌发期也称休眠后期，即贮藏晚期。马铃薯块茎通过生理休眠期后，呼吸作用又转旺盛；同时，由于呼吸产生热量的积聚而使贮藏温度升高，在适宜的湿度条件下，芽眼内的幼芽开始萌动生长，新的生命周期由此开始，此时，薯块重量减轻程度与萌芽程度成正比。对于食用、加工用的贮藏块茎应尽可能控制不萌发，因为发芽会使马铃薯块茎组织中所含的大量淀粉转化，造成外观萎蔫，同时马铃薯发芽部位产生有毒物质，造成销售、加工的损失，甚至完全失去食用价值。

在整个贮藏期间由于呼吸作用，马铃薯块茎的重量和淀粉含量会逐渐减少，如果块茎发芽或腐烂，淀粉的损失会更多，其他各种营养和化学成分也会发生一系列的变化。如马铃薯维生素C含量与贮藏期呈极显著负相关，一般新收获的块茎含量较高，贮藏2~3个月后，维生素C的损失平均达到50%，但在块茎萌发期，由于物质代谢的增强，维生素C含量又会有所增加。块茎在贮藏期间，茄碱（龙葵素，一种生物碱）的含量也会逐渐增加，其中以幼芽含量较多。因此，食用块茎在贮藏期间要尽量防止发芽。

二 主要的贮藏方式

由于我国各地种植马铃薯的地区自然气候条件千差万别，马铃薯的播种和收获季节也不同，形成了与之相适应的各种不同贮藏方式。在北方地区主要采取地下式或半地下式窖藏，有些地区农户还采取埋藏、冷库贮藏等。在南方和西南地区，马铃薯贮藏主要采用室内贮藏、地窖贮藏和冷库贮藏。根据各地贮藏的时间、目的及贮藏条件的不同，选择适宜的贮藏方式，是达到安全贮藏目的的前提。

根据马铃薯贮藏条件及贮藏量的不同，贮藏方式可分为简易贮藏窖（库）、中型贮藏窖（库）和大型现代化控温控湿贮藏库。

1. 简易贮藏窖（库）种类

简易贮藏是一类规模较小的马铃薯贮藏方式，它不能人为控制贮藏温度，而是根据外界温度变化来调节或维持一定的贮藏温度。这类传统的贮藏方式主要包括沟藏、窖藏等基本形式。其特点是：结构简单、成本低，一般不需要特殊的建筑材料和设备，具有利用当地气候条件、因地制宜建造的优势。我国各地都有一些适宜于本地区气候特点的典型贮藏方法，它们都是利用自然温度来调节贮藏温度，在使用上受到一定程度的限制。但是，由于其简便易行，目前仍是我国农村普遍采用的主要贮藏方式。

在我国北方地区，马铃薯主要采用地下或半地下窖等简易设施进行贮藏。根据各地冬季的冻土层厚度、经济条件等，窖的深度一般在1.5～3m之间。这种深度的简易贮藏窖多分布在黑龙江、吉林、辽宁北部、内蒙古、山西北部、宁夏、陕西北部、河北坝上、青海及新疆等地。而在二季作区，其深度则较浅，一般60～100cm即可。这些地区包括辽宁南部，山东、河北南部、河南、安徽、江苏、陕西南部和江西等地。在西南地区的一些地方则多采用简易的地上式库藏、架藏和柜藏等。

用以上各种形式的简易贮藏设施，贮藏的马铃薯数量一般不太多，少则数百至数千千克，多的也有数十吨。其用途主要是农户自己作为主食、蔬菜、饲料和种薯，无论何种用途对马铃薯贮藏过程中的品质变化要求不高。贮藏期一般为3～6个月，多的可达8～9个月。在北方地区由于冬季温度较低，贮藏时间较长，而在南方，特别是夏季收获的马铃薯，由于温度较高，贮藏时间则较短。

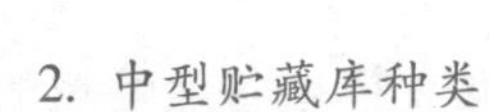
2. 中型贮藏库种类

中型贮藏库（窖）比较适合农村合作组织、种植大户使用。分地上、地下式和半地下式三种形式，一般贮藏量为数十至数百吨。南方该种库一般修建在地面以上，位于室内直接在其上面加盖钢构雨棚，装卸和运输方便。有条件的地区，可以修建成带有温度控制的中型气调贮藏库，这种气调库具有自动控制温度、湿度和二氧化碳的功能，并具有消除冷凝水的功能，可以对温度、湿度、二氧化碳气体浓度进行自动检测、控制与数据保存，投资小，对贮藏原料的适应性广，特别适合南方高温多湿的地区。在北方寒冷地区，该库可以修成半地下式或地下式。

3. 大型现代化贮藏库

随着马铃薯加工业的发展，越来越多的马铃薯被用于各种类型的加工。由于马铃薯生长季节性较强，而加工业则是周年进行的，因此需要将大量的马铃薯贮藏起来，保证周年供应加工业所需要的原料。目前在我国很多加工地区，都建立了各种类型的现代化贮藏库。

作为现代化贮藏库，有几个重要的衡量标准，一般要求库体保温保湿效果好、能自动调节温度和湿度、有良好的通风体系、贮藏量较大（数千至数万吨）。根据加工期长短，可将现代化的贮藏库分为临时库、中期库和长期库。针对不同类型的贮藏库，将采用不同的贮藏技术。

三 贮藏条件与科学管理

马铃薯块茎是活体多汁器官，在贮藏期间要求一定的温度、湿度、光和通风条件，如果这些条件不能满足，不仅会造成腐烂与损耗率的增加，还会引起马铃薯的生理状态与化学成分发生不良变化。所以必须掌握马铃薯块茎在贮藏过程中与环境条件的关系和要求，并在贮藏期间采取科学的管理方法，以减少贮藏期间的损耗和实现安全贮藏。

马铃薯贮藏窖内的环境条件主要有温度、湿度、光、通风、堆放方法及科学的管理方法等。

1. 温度

贮藏温度是决定块茎贮藏质量的最重要条件。贮藏初期因薯块刚入窖，窖温和湿度可能会高一些，这是正常现象，但一般不会超过20℃，20天后窖温下降。马铃薯的贮藏一般要求较低的温度，因为低温不仅能延长块茎的休眠期，而且能抑制有害微生物的侵染，减少块茎感病和腐烂。但当温度降到0℃以下时，块茎会受冻。马铃薯贮藏期间除了要保持适宜的低温，又要尽可能保持适宜的温度稳定性，防止忽高忽低。如果贮藏温度不断升降，块茎中的淀粉和糖也会反复转化，则淀粉含量会随着贮藏时间的延长而显著下降。

不同用途的马铃薯块茎在贮藏期间所需要的最适温度存在一定的差异，所以要根据块茎在贮藏期间的生理变化，以及块茎的不同用途的要求，采用适当的贮藏温度。

（1）种薯 作为种薯的贮藏，一般要求在较低的温度条件下保证种用品质，一般以3~4℃为宜，过低温度下贮藏，块茎的表皮会出现凹陷并产生黑褐色斑点，且斑点也会出现在马铃薯块茎的组织里。切割受侵染的薯块，会发现薯肉部分呈红褐色至深褐色和黑褐色。这些危害最终会导致田间生长发育不良。

（2）鲜食马铃薯 对于鲜食马铃薯的贮藏，主要是做到出库前不腐烂、不发芽、不严重皱缩和不变绿等，较低温度对于马铃薯贮藏是有利的。贮藏期间最适宜的贮藏温度为3~4℃，最高不宜超过5℃，如果贮藏时间很长，也可以考虑使用抑芽剂。

（3）加工马铃薯 如果将加工油炸薯片或速冻薯条的原料，贮藏在4℃低温下，块茎的淀粉通过酶的作用，大量转化成糖，使加工薯片、薯条的颜色变深，影响食用风味和外观品质。因此，加工油炸薯片或薯条的原料薯的短期贮藏温度要求10~15℃，长期贮藏温度以7~8℃为宜。如大量原料薯需要低温贮藏，在用于加工以前，可将低温贮藏的块茎放于15~18℃高温条件下2~3周，进行回暖处理，可使低温转化的糖再逆转为淀粉。

2. 湿度

湿度是马铃薯贮藏的另一个关键因素。在马铃薯块茎贮藏期间，保持窖内适宜的湿度，可以减少自然损耗和有利于块茎保持新鲜度；过于潮湿会使窖内顶棚上形成水滴并引起薯堆上层的马铃薯块茎“发汗”，促使马铃薯块茎过早发芽和形成须根，使种薯降低种用品质，商品薯降低商品品质。如果窖里湿度过小，过于干燥，马铃薯块茎失水会引起重量损耗，导致块茎变软和皱缩，并降低种薯的发芽性能。因此，贮藏温度在1～3℃时，湿度最好控制在85%～90%，湿度变化的安全范围为80%～93%，在这样的湿度范围内，块茎失水不多，不会造成萎蔫，同时也不会因湿度过大而造成块茎的腐烂。在北方有经验的人用眼力判断窖内湿度时，认为只要薯皮不出现湿润现象，窖内顶棚上有轻微一层小水珠，便是较好的基本湿度条件。

3. 光

直射的日光和散射光都能使马铃薯块茎表皮变绿，茄素的含量增加，从而使食用的商品薯品质变劣。因而作为食用商品薯的贮藏，在黑暗无光条件下是最理想的。但作为种薯的贮藏就不怕光，相反，在光的作用下，块茎表皮变绿有抑制病菌侵染的作用，也能抑制幼芽徒长而形成短壮芽，有利于产量的提高。北方一作区可将种薯在入窖前实行晒种绿化，以防种薯腐烂，或在播种前一个月将种薯出窖，摊在有光的条件下进行春化处理，以促进早结薯和提高产量。

4. 通风

通风可以调节贮藏窖内的温度和湿度。通风是指通入冷空气而降低热量，在马铃薯贮藏前期尤为重要。通风的另个一作用是把外面清洁而新鲜的空气通入窖内，把二氧化碳等废气从贮藏窖内排除出去，以保证窖内进入足够的氧气，以便马铃薯正常地进行呼吸，也防止北方深窖在人工管理时发生中毒事件。

块茎在贮藏期间进行呼吸作用，吸收氧气放出二氧化碳和水分。在块茎贮藏初期呼吸强度大，需要的氧气多，放出的二氧化碳也多。在通气良好的情况下，空气可以进入薯堆，进行良好的气体交换，不会引起缺氧和二氧化碳的积累。但是，如果通气不良，马铃薯贮藏窖内往往因通风不良积聚大量二氧化碳，妨碍块茎正常呼吸，引起块茎缺氧，不仅消耗养分多，还会引起组织窒息而产生“黑心”，影响商品薯的品质及种薯的质量。而且块茎贮藏期间还会产生一种抑制发芽的挥发物，抑制种薯的发芽，必须通过通风换气将其排除。因此，在贮藏期间，特别是初期，保证空气流通、促进气体交换是重要的环节，要加强通风设备。当块茎进入深度休眠时，呼吸很弱耗氧不多，放出的二氧化碳也少，所以这段时期气体交换不是主要矛盾。块茎通过休眠后，呼吸作用加强，需要的氧气增多，要加强气体交换，充足的氧气和一定的温度会促进块茎发芽，特别是该期外界气温已经升高，温暖空气进入会提高窖温。因此，如果要避免迅速发芽，可阻止或减少空气流通。

5. 堆放方法

（1）散装贮藏 散装贮藏是马铃薯贮藏的最常用的方式。散装的优点：马铃薯与空气接触良好；贮藏量相对较大；易于贮藏期间防腐处理，管理过程也方便。散装的缺点：不易搬运；下层薯块所承受的压力大，易出现挤压伤。

自然通风贮藏的马铃薯堆的高度不能超过2.0m，以避免贮藏堆中的温度不一致。农户贮藏窖中马铃薯堆放的高度不宜超过库（窖）高度的2/3，并且堆放高度控制在1.5m内为宜。堆放过高，下层薯块所承受的压力大，导致下层薯块被压伤，上层薯块也会因为薯堆呼吸热而发生严重的“出汗”现象，从而导致块茎大量发芽和腐烂，上层也可能由于距离窖顶过近而易受冻。如果采用干燥气流通风，且空气中相对湿度较大，可以提高贮藏的堆垛高度，一般来说，贮藏高度限定在4～4.5m。另外，贮藏库的高度应至少比薯堆高度高0.5～1m。

（2）箱式贮藏 箱式贮藏要优于散装堆藏。箱式贮藏最大的优点是其灵活性，每箱独立，特别适合种薯分类贮藏，易于贮藏

管理的防腐处理，易于机械搬运和码放，互相不挤压；箱式贮藏的另一个优点是，库房建筑可采用工业建筑，因为其对墙体的侧压为零。缺点是大量存放空箱也需要一定的贮藏空间。

一般常用的包装箱有瓦楞纸箱、木条箱、竹箱、塑料箱和铁箱等，其中木条箱是马铃薯种薯贮藏最理想的包装箱。因为木箱重量轻、结构结实，可以堆垛至7.5m高，通透性好，易于马铃薯的通风换气。但是，贮藏季后需要很长时间清理包装箱。

(3) 袋装贮藏 袋装贮藏的贮藏量相对较少，搬用方便，但贮藏过程中施药不便，袋内通风不良。一般常用的包装袋有网袋、编织网、麻袋等，是大型马铃薯贮藏库较常用的形式。优点是倒翻薯垛，出库入库都比较方便，省时省工。缺点是袋内薯块热量散失困难，通风不良易造成薯块发芽或腐烂，若一定要采用袋装贮藏，那么就要仔细选择袋子，小心堆叠以使袋装马铃薯之间和袋内保持空气流通。总之，对于短期贮藏来说，可以考虑袋装，通常不喷施抑芽剂，注意袋子最好只装80%量，比100%装满的袋子更容易调整形状。

6. 贮藏期间的管理

无论是东北的地下式棚窖、现代化的贮藏库还是西北的窑洞窖、井窖，无论是大窖还是小窖，在贮藏期间的管理技术基本是一致的。

(1) 入窖（库）前的准备

1）入窖（库）前预贮。新收获的块茎要放在通风较好，在温度为15～20℃的场所中预贮2～3周。预贮的作用主要是加速薯块生理后熟过程的完成，使其有机械损伤的表皮加快愈合；另一方面的作用是有利于种薯散发热量、水分、二氧化碳，防止块茎入库后表面结露现象的发生。预贮应选择在开阔、通风的场所进行，但预贮过程一定严防雨淋、冻害的发生，而且商品薯要放在暗处，避免块茎变绿。预贮时块茎堆放高度不宜超过2m，堆宽不超过4m，袋装薯不宜太满，以方便处理和避免块茎在运输过程中挫伤。

预贮的同时要剔除病、烂薯块，加工原料薯还要去除青皮、虫口和伤口块茎，方可安全入窖贮藏。

2）库房的整理与消毒。马铃薯块茎入窖前，要将窖内清理干净，用石灰水消毒地面和墙壁，然后贮藏新薯。

（2）贮藏期间的管理 马铃薯入窖（库）以后，要根据不同的贮藏阶段对库房内的温度、湿度和通风条件进行调整。凡是越冬贮藏的块茎，入窖（库）以后大致可分为三个阶段进行管理。如北方高寒地区，马铃薯入窖（库）以后至11月末为第一阶段；12月初至第二年2月为第二阶段；3月初至出库为第三阶段，各阶段的管理方式各不相同。

1）温度、湿度的控制。全国各地凡是越冬贮藏块茎，在窖温控制上都要注意“两头防热，中间防冻”。从马铃薯入窖（库）至11月末，块茎处于准备休眠阶段，呼吸旺盛，释放热量较多，窖温最高，湿度最大。这一阶段的管理工作以通风换气、降温散热为主。具体做法是在确保马铃薯不受冻的前提下，打开库房门（窖门）和通风孔通风降温，特别是夜间温度低，降温降湿效果好，温度控制在3~4℃为宜。如果湿度过大，可采用石灰吸湿法或加强通风降低马铃薯湿度。

第二阶段正值寒冬季节，特别是立春前后气温最低（比最冷天气时间晚10~20天），是块茎容易受冻的危险期，应以保温防冻为主，窖（库）温应控制在2~3℃，在北方高寒地区这项工作特别重要。具体做法是随着外面气温下降，先封窖门（约在-7~-5℃时），留通风孔通风。气温降到零下-15~-10℃时，通风孔白天通气，夜间堵上，每天进行累计2~3h的通风，带走块茎表面的热量、水分、二氧化碳和提供氧气。气温下降到-20℃时，窖门、通风孔全部封闭，与外界空气的对流全部停止，窖内的水气量基本保持恒定；但是在一定的温度下，空气中所能容纳的水气量是一定的，温度越低容纳的水气量越少。因此当气温进一步下降，窖顶温度达0℃以下时，如果窖内水气量过大，多余的水气还会在窖的四壁凝结成水滴。因此常在薯堆上面

覆盖一定厚度的草或其他秸秆，使薯堆顶部的块茎较温暖，从而缓和了薯堆顶部冷热差距，不至于使堆顶块茎上凝水，造成湿度过大而引起腐烂。在相对湿度过低的条件下，还需避免块茎脱水。这一阶段，除了通风以外，倒窖也是对块茎堆散热、散湿的主要方法，同时也是防病防烂的主要措施。经验表明“尽可能不倒，不倒糟蹋少；要想不倒，就得选好，选得不好，就得早倒；发病伤热，一定要倒”，意思是说，收获时气候干爽，块茎无泥土，经过严格挑选和窖外预贮的入窖薯，在窖体内干爽的条件下，可以不倒窖。对堆内局部伤热，受冻，腐烂发芽的薯堆，必须进行倒窖，而且越早倒越能减少损失。

贮藏第三阶段气温逐渐回暖，春分以后温度回升较快，要防止热气进入窖（库）内，不要随便打开窖（库）门。贮藏湿度与温度是相互关联的。整个马铃薯贮藏库（窖）房内空气相对湿度控制在85%～90%为宜。这一阶段，部分块茎已通过休眠，呼吸作用加强，如果是种薯贮藏，充足的氧气和一定的温度会促进块茎发芽，如果是商品薯的贮藏，就要避免迅速发芽，可阻止或减少空气的流通。

2）其他管理。在整个贮藏管理过程中，还应经常检查块茎状态，及时检出病薯、烂薯、防止薯块发热及病害蔓延。

——第五章——

马铃薯主要病虫害诊断及防治技术

第一节 主要侵染性病害及防治方法

随着马铃薯种植面积不断扩大，病虫害发生的频率和危害程度也在上升，马铃薯病虫害防控问题已成为制约产业发展的瓶颈之一。目前在马铃薯病虫害防控方面存在的最大问题是大多数基层技术人员不能准确诊断病虫害，而农民朋友准确诊断的难度更大，如果不能做出准确的诊断，也就不可能提出切实可行的防控方案，往往是花了钱，病虫却没有防治住，给生产造成很大的危害。因此病虫的防治首先要能够对病虫进行准确的诊断，然后再有针对性地进行防治。

一 真菌性病害

1. 早疫病

早疫病也叫轮纹病、夏疫病，此病名称虽叫早疫病，却很少危害年轻、生长旺盛的植株，而是经常在植株成熟时流行。早疫病是马铃薯最普通最常见的病害之一，凡是种植地区均有发生，近几年发病率呈上升趋势。与晚疫病相比，此病容易被人们所忽视，然而，在许多地区由早疫病引起的损失已超过晚疫病。

【病害症状】 病菌主要为害叶片，也可以侵染茎秆和块茎。症状表现为坏死斑块呈褐色，病斑多为圆形或卵圆形，在叶片上

有明显的同心轮纹形状，很像树的年轮，湿度大时叶片上产生黑色绒毛状霉层。有的病斑受叶脉限制呈多角状，严重时病斑相连，整个叶片干枯。病斑通常在花期前后首先从底部叶片形成，到植株成熟时病斑明显增加并会引起枯萎，田间严重发病时，大量叶片枯死，田间出现一片枯黄（彩图1）。茎秆和叶柄受害多发生于分枝处，病斑褐色，线条形，稍凹陷，扩大后呈灰褐色长椭圆形斑，有轮纹。块茎发病后表皮上可见暗褐色凹陷的圆形或近圆形或不规则形病斑，大小不一，边缘清晰并微隆起，有的老病斑出现裂缝，皮下浅褐色呈海绵状干腐，深度一般不超过6mm。在贮藏期间病斑可增大，块茎皱缩（彩图2）。

【传播途径】 病菌以菌丝体和分生孢子在病薯上、土壤中的病残体或其他茄科植物上越冬，并可保持一年以上的生命力。第二年种薯发芽时病菌开始侵染，带病种薯发芽出土后，其上产生的分生孢子借风、雨传播，并产生分生孢子进行多次再侵染使病害扩展蔓延。病菌通过表皮、气孔或伤口直接侵入叶片或茎组织。在生长季节早期，初侵染发生在较老的叶片上。条件适宜时，病菌潜育期极短，5～7天后便可产生新的分生孢子，引起重复侵染，经过多次再侵染造成病害流行。

【发病条件】 较高的温度和湿度有利于早疫病发生。通常温度在15℃以上，相对湿度在80%以上开始发病，25℃以上时只需短期阴雨或重露，病害就会迅速蔓延。因此，7～8月雨季温湿度合适时易发病，若这期间雨水过多、雾多或露水多，发病重。在湿润和干燥交替的气候条件下，该病害发展最迅速。

【防治方法】

1）选用抗病品种。早疫病发生较重的地区种植抗病品种。

2）加强田间栽培管理。选择土壤肥沃、地势高、干燥的地块种植，实行轮作倒茬，增施有机肥。在生长季节及时灌溉和追肥，增施氮肥和钾肥，提高植株抗病能力。清理田间残株败叶，减少初侵染来源。

3）合理贮运。收获充分成熟的薯块，尽量减少收获和运输中的损伤，病薯不入窖，贮藏温度以4℃为宜，不可高于10℃，并且注意通风换气，播种时剔除病薯。

4）药剂防治。在植株封垄时结合预防晚疫病喷施代森锰锌（大生M45、进富）。发病初期喷施内吸性专用杀菌剂，如阿米妙收悬乳剂、世高（苯醚甲环唑）水分散粒剂、金力士乳油等。每隔7～10天喷1次，连续防治2～3次。

【注意】 由于世高和金力士对植株生长有一定抑制作用，因此，世高和金力士要在封垄后使用。喷药时，不断改变喷头朝向，将药液均匀喷施到叶片正反面，使叶片均匀附着到药液不下滴。

2. 晚疫病

晚疫病也被农民称为马铃薯瘟，是世界上最重要的马铃薯病害，它是一种暴发性毁灭性的病害，凡是栽培马铃薯的地方都有发生。我国西南地区较为严重，东北、华北、西北多雨潮湿的年份危害较重。高湿、多雨、冷凉的条件会使病害迅速蔓延，不抗病的品种在晚疫病流行时，田间产量损失可达20%～50%，窖藏损失轻者5%～10%，大流行年份7～10天内可使植株地上部分全部枯死，田间一片焦枯，导致绝产绝收。

【病害症状】 病菌主要侵染叶片、茎和块茎。植株被晚疫病侵袭时，首先在叶片的顶端或边缘发生暗绿色的小病斑。阴湿条件下，病斑很快扩大，呈水渍状不规则暗绿色，像被开水浸泡过，病斑周围与健康组织交界处有黄色晕圈，边缘出现白霉似的分生孢子，叶背面白霉更清楚，雨后或清晨尤为明显。病害发生严重时，病斑扩展到主脉、叶柄和茎部，茎或叶柄黑褐色，叶片枯死下垂，茎上病斑很脆弱，茎秆经常从病斑处折断。在高温干旱条件下，病斑停止扩大，并形成坏死区或症状表现不明显（彩图3、彩图4）。

孢子随雨水入土可侵入薯块，块茎发病时表皮变褐色小斑

点，随侵染加深，逐渐扩大，形成稍凹陷并发硬的浅褐色至灰紫色的不规则病斑，有人把这种症状叫“铁皮子”。切开病薯可以看到由表向内扩展1cm左右的一层锈褐色坏死斑，与健康组织界限不整齐。病薯在高温多湿的条件下，常伴随其他病菌侵染而腐烂，如软腐病。薯块在田间发病，严重的在收获期开始腐烂，也可以在田间被侵染而入窖后大批腐烂（彩图5、彩图6）。

【传病途径】 晚疫病病菌主要以菌丝体在病薯中越冬，由于部分带病种薯并不表现任何感病症状，所以即使严格挑选也无法保证所有种薯不带病。播种带病薯块，一部分导致不发芽或发芽后在出土前死亡；感病轻的薯块，其病原菌能够侵染到幼芽上，幼芽出土后形成田间最初的侵染源，但症状不明显，很难检查到。当连续几日空气湿度在75%以上，气温不低于10℃时，叶子上就会出现病状，形成中心病株。当相对湿度95%以上时，病叶上产生的白霉（孢子梗和孢子囊）随风、雨、雾、露和气流向周围植株上扩展，孢子囊萌发产生游动孢子，游动孢子萌发侵入寄主体内。无论是孢子囊还是游动孢子的萌发，都要有水才行。受侵染后的茎叶产生的孢子囊还可随雨水或灌溉水渗入土中引起薯块感染，可以感染生长于深达10cm处的块茎。块茎也可能在收获时，由于接触感病的土壤而受到感染。

【发病条件】 马铃薯晚疫病的发展必须有一定的温度和湿度条件，病菌喜欢中低温和高湿度条件，因此阴雨、晨露使叶片表面湿润，形成病菌孢子入侵的有利条件。病菌侵染后潜育期的长短取决于气温的变化。在感病品种上，最低温（夜间）为7℃及最高温（日间）为15℃时，潜育期为9天，当夜间温度为17℃及日间温度为28℃时，潜育期最短时间为3天，在良好的天气条件下，由一些零星病株经过10~15天能够感染全田。因此，多雨年份、空气潮湿、多雾条件下发病重。种植感病品种，只要出现湿度高于95%连续8h以上，日均气温17℃左右，叶片上有水滴持续14h以上的条件，该病即可发生，在干燥天气时，病株干枯，在潮湿天气时则腐败。

【防治方法】

1）选用抗病品种。种植抗病品种是最好的防病办法。晚疫病病害的流行与品种的抗病性关系十分密切，在病害流行期，感病品种发病早，发病率高，且蔓延速度快，抗病品种则相反。

2）播前严格淘汰病薯。只要种薯不带病，田间就不会首先出现病株。淘汰病薯的方法：第一，在种薯出窖进行催芽前严格剔除；第二，催芽期间，凡不发芽或发芽慢，出现病症的全部剔除；第三，切块播种或整薯播种时严格检查，剔除病薯，切刀必须用酒精或来苏水或高锰酸钾溶液浸泡消毒，还要准备多把切刀，切到病薯要换用消毒刀。

3）药剂拌种。防晚疫病菌的药剂有克露、甲霜灵锰锌、杀毒矾、阿米西达等。拌种的方法可分为干拌和湿拌，干拌一般是先将一定量的药剂与适量滑石粉混匀，再与种薯混匀后即可播种；湿拌一般将所选药剂配成一定浓度的药液，均匀喷洒在切好的种薯上，拌匀并晾干后播种。由于不同药剂有效含量不同，具体使用剂量参见产品说明书。

4）药剂防治。做好病情测报工作，及时发现中心病株。一般选择低洼潮湿、生长旺盛、成熟较早的感病品种田，从植株开始现蕾时进行调查，封锁和消灭中心病株是大田防治的关键。发现中心病株要立即拔除，病穴用石灰消毒，同时整个田块要立即喷药，尤其是在中心病株的附近。施药时间一般掌握在植株封垄之前1周左右喷第一次药，共喷3～5次，前期使用保护性药剂，如大生M-45、进富、安泰生、达科宁、阿米西达及瑞凡。发现中心病株以后选用内吸治疗性药剂，内吸性药剂有金雷、克露、霜脲锰锌、霉多克、银法利等。为了防止抗药性产生，建议几种药剂轮换使用。

5）合理施肥，合理密植，高垄大垄，厚培土。重施氮肥可使马铃薯茎叶发生徒长，徒长和密度过大，会造成花期茎叶量过大，田间荫蔽，特别是多雨季节，田间湿度上升，促使病害提早发生，并加快其在田间传播的速度，导致病害流行。所以，在施

氮上要控制氮肥用量，增施磷钾肥，促使马铃薯健壮生长，提高抗病能力。高垄栽培既有利于块茎生长与增产，又有利于田间通风透光、降低小气候湿度，进而创造不利于病害发生的环境条件，抑制病害发生。另外田间晚疫病孢子侵入块茎，主要是通过雨水或灌水把植株上落下的病菌孢子随水带到块茎上造成的。在种植不抗晚疫病的品种时，尤其是块茎不抗病的，要注意加厚培土，使病菌不易进入土壤深处，以减少块茎发病率。

3. 黑痣病

黑痣病又称立枯丝核菌病、茎基腐病或黑色粗皮病，分布广泛，全国马铃薯种植地区均有发生，是以带病种薯和土壤传播进行的病害。随着人们对晚疫病和早疫病的控制，马铃薯黑痣病已经上升为马铃薯主产区的主要病害，有的地方由于马铃薯种植区无法倒茬，致使土壤中病原菌数量逐年增加，因此加重了黑痣病的发生。

【病害症状】 病菌主要为害幼芽、茎基部及块茎。出苗前，幼芽染病顶部会出现褐色病斑，使生长点坏死，形成芽腐，不能正常出土，导致缺苗断垄，能正常出苗的多为细茎。

苗期主要感染地下茎，地下茎上出现指印形状的褐色病斑，幼苗植株矮小，顶部丛生，严重的植株可造成立枯，顶端萎蔫。茎秆发病先在茎基形成褐色凹陷斑，大小为1~6mm，病斑上及其周围常覆有紫色菌丝层，有时茎基部及块茎上生出大小不等形状各异的块状或片状、散生或聚生的小菌核。轻病株症状不明显，重病株可形成立枯或顶部萎蔫或叶片卷曲（彩图7、彩图8）。

【传病途径】 马铃薯黑痣病是以菌核在块茎上或土壤里越冬，或以菌丝体在土壤里的植株残体上越冬，病菌可在土壤中存活2~3年。第二年春季，当温度、湿度条件适合时，菌核萌发侵染马铃薯幼芽、根、地下茎、匍匐茎、块茎。

【发病条件】 该病菌在较大温度范围内均可生长，菌核在8~30℃皆可萌发。较低的土壤温度和较高的土壤湿度，有利于丝核菌的侵染，土温低、湿度大，种薯幼芽生长慢，在土中埋的时间长，增加病菌的侵染机会，造成幼苗严重发病。结薯后土壤湿度太大，特别是排水不良，新薯块上的菌核（黑痣）形成加重。

【防治方法】

1）选用无病种薯。在收获期、入窖前和播种前各挑选薯块1次，淘汰表皮带有菌核的块茎，重病田块收获的薯块不能做种薯。

2）实行轮作倒茬。由于菌核能长期在土壤中越冬存活，可与小麦、玉米、大豆、多年生牧草等作物实行3年以上轮作，来降低土壤中的菌核数量。重发田块实行5年以上轮作。

3）药剂防治。为防种薯带病和土壤传染，播种前可对种薯进行药剂处理，可用2.5%适乐时种衣剂包衣，也可用3.5%满适金或25%的阿米西达等药剂稀释后拌种。在种薯播种到垄沟后，马上用阿米西达悬浮剂等进行沟内喷药，使药物均匀喷到土壤和芽块上，然后覆土。

4. 干腐病

干腐病是马铃薯普遍发生的一种块茎病害。田间染病后，在贮藏期间为害，是导致马铃薯腐烂的主要原因之一。这种病害分布普遍，在各马铃薯产区都有发生，其损失大小取决于马铃薯在田间生长状况及块茎的品质、运输和贮藏条件等。

【病害症状】 病斑多发生在马铃薯块茎的脐部，初期病薯病斑外表呈暗褐色、稍凹陷，逐渐发展使薯皮下陷、皱缩或产生不规则的同心皱叠轮纹，发病重的块茎病部边缘现浅灰色或粉红色多泡状凸起。切开病薯，腐烂组织呈浅褐色或黄褐色、黑褐色、黑色、发硬干缩，有的形成空腔或裂缝，湿度大时，病部呈肉色糊状，无特殊气味（彩图9、彩图10）。

【传病途径】 该病为土传病害，病原菌主要以菌丝体或分生孢子存在于病薯上或残留在土壤中越冬，主要通过采挖、运输或贮藏期间所造成的机械伤口或虫害等造成的伤口侵入，也可通过皮孔、芽眼等自然孔侵入。被侵染的薯块腐烂，污染土壤，加重

了该病的发生。病害适宜发生温度为15～20℃，5℃以下发展缓慢。贮藏前期发病较轻，随着贮藏时间延长和窖温的升高，该病发生逐渐加重。一般贮藏前2个月发生较轻，2个月后扩展明显；当窖温高、湿度大时，贮藏的大量薯块发病腐烂；翻窖倒窖次数多，易造成新的机械损伤，对该病菌的侵入提供了有利条件，发病重；另外，在贮藏期间病薯与健康薯的接触也会扩大危害。

【防治方法】

1）先杀秧后收获。收获前先进行杀秧，促使薯皮老化，保护地下块茎避免病菌侵染，减少贮藏时马铃薯的烂薯率。

2）贮藏窖消毒。薯块贮藏前半个月，将窖内杂物清理干净。每立方米用40%甲醛32mL、水16mL、高锰酸钾16g，将甲醛和水倒入瓷器后，再加入高锰酸钾，稍加搅拌，关闭窖门和通气孔，熏蒸48h后打开窖门和通气孔，通气24h后贮藏。也可用硫黄粉熏蒸消毒，或用15%的百腐烟剂、45%百菌清烟剂熏蒸消毒。

3）把好薯入窖关。要严格剔除病薯和带有伤口的薯块，入窖前放在阴凉透风的场所预贮3天，降低薯块湿度，以利于伤口愈合，产生木栓层，可减少发病。

4）控制窖内的温湿度。贮藏早期适当提高窖温，加强通风，促进伤口愈合，以后窖温控制在1～4℃，发现病烂薯及时淘汰。

5）烟雾剂熏蒸。在贮藏期间，用百菌清、速克灵等烟雾剂熏蒸贮藏窖，防止病菌向邻近块茎传染。

二 细菌性病害

1. 青枯病

细菌性青枯病是一种世界性的重大病害。该病主要在温暖潮湿、雨量充沛的热带、亚热带和部分温带地区流行。在我国在长城以南大部分地区都可发生青枯病，黄河以南、长江流域诸省（区）青枯病最重。发病重的地块产量损失达80%左右，已成为毁灭性病害。青枯病最难控制，既无免疫抗原，又可经土壤传病，需要采取综合防治措施才能见效。

【病害症状】 青枯病是一种细菌性维管束病害，在马铃薯幼苗期、成株期均能发生。植株发病时出现一个主茎或一个分枝突然萎蔫青枯，其他茎叶暂时照常生长，但不久也会枯死。病菌沿维管束侵入各个茎内，先侵入的先凋萎，后侵入的后凋萎，最后全株枯死。病菌从匍匐茎侵入块茎，所以脐部组织最先出现黄褐色症状，切开的块茎还可看到从脐部到维管束环的病害发展与组织变色症状。发病后期块茎患处用手指挤压，可出现乳状病液，但薯肉和皮层并不分离，这是和患环腐病块茎的主要区别。病重的块茎，芽眼先发病，不能发芽，而后整个块茎腐烂。

【传病途径】 青枯病主要通过带病块茎、寄生植物和土壤传病。播种时有病块茎可通过切块的切刀传给健康块茎。种植的病薯在植株生长过程中根系互相接触，也可通过根部传病；中耕除草、浇水过程中土壤中的病菌可通过流水、污染的农具及人的鞋上黏附的带病菌土传病；杂草带病也可传染马铃薯等。但种薯传病是最主要的，特别是潜伏状态的病薯，在低温条件下不表现任何症状，在温度适宜时才出现症状。

【发病条件】 种薯带菌率高低、土壤中残留菌液多少对青枯病的发病轻重具有直接的影响。另外，雨水集中、光照强、相对湿度大等是发病的自然因素。该病菌在10~40℃均可发育，最适温度30~37℃。病菌在土壤中可存活14个月以上，甚至许多年。适合病菌生活的氢离子浓度为10~1000mol/L（pH 6~8），而以氢离子浓度251.2mol/L（pH 6.6）最为适宜，酸性土壤也会加重病害的发生。

【防治方法】

1）因目前尚无免疫品种，需要综合防治。对青枯病无免疫抗原材料，选育的抗病品种只是发生的病害相对较轻，比易感病品种损失较小，所以仍有利用价值。

2）选择早熟品种并及时收获。选择高温季节来临之前就能成熟的品种，抢晴天及时收获，不要让成熟的薯块留在地下时间

过长，以免增加感染的机会。

3）利用无病种薯。在南方疫区所有的品种都或多或少感病，若不用无病种薯更替，病害会逐年加重，后患无穷。所以应在山区无病害的地点，建立种薯基地，利用脱毒的试管苗生产种薯，供应各地生产用种，当地不留种，过几年即可达防治目的，这是一项最有效的措施。或者采取整薯播种，实行轮作，消灭田间杂草，浅松土，锄草尽量不伤及根部，减少根系传病机会等。在没有建立种薯生产基地之前，这是防治青枯病的重要措施。禁止从病区调种，防止病害扩大蔓延。

4）药剂防治。发病初期选用农用链霉素或用1:1:240（硫酸铜:生石灰:水）倍波尔多液喷雾，也可用农用链霉素、可杀得、络氨铜等兑水灌根，每隔7~10天灌1次，连续防治2~3次。

2. 疮痂病

马铃薯疮痂病是一种世界性病害，除了土壤极酸地区外，各产地几乎都有发生。尤其在连作、偏碱地和温室的马铃薯生产中危害严重。不抗病的品种，秋播时几乎每个块茎都感染疮痂病，有的块茎表皮全部被病菌侵染，虽然该病害对马铃薯产量的影响不大，但严重影响了马铃薯的商品性和品质。

【病害症状】 疮痂病主要为害块茎。开始在块茎表皮发生木栓化褐色斑点，以后逐渐扩大，破坏表皮组织，后期病斑中部下凹或凸起，形成疮痂状褐斑。病斑仅限于皮层，不深入薯内，有别于粉痂病。但被害薯块质量和产量仍可降低，不耐贮藏，因为表皮组织被破坏后，易被软腐病菌入侵，造成块茎腐烂（彩图11、彩图12）。

【传病途径和发病条件】 疮痂病主要由土壤中的放线菌入侵造成，病菌可以在土壤、病残体、病薯中越冬，带菌土壤、带菌肥料和病薯为主要的侵染源。病菌从气孔、皮孔或伤口侵入块茎，一般在块茎发育的早期易感病，当块茎表皮木栓化后则病菌难以侵入。病菌发育最适温度为25~30℃，土壤温度为21~24℃时，病害最为猖獗。在中性或微碱性沙壤土发病重，pH 5.2以下很少发病。凡连年干旱、马铃薯连作、偏碱性土壤及栽培管理不当的产区发病率更高。低温、高湿和酸性土壤对病菌有抑制作用。

【防治方法】

1）实行轮作，在易感疮痂病的甜菜等块根作物地块上不种植马铃薯。

2）适当施用酸性肥料和增施绿肥，可抑制发病。在块茎形成和膨大期间，有条件的地方应少量多次灌水，保持水分接近田间持水量，抑菌效果明显。

3）选用高抗疮痂病的品种，并从田间严格挑选种薯。催芽前进行块选，催芽后仍要严格挑选。

4）种薯消毒，可用0.2%的福尔马林（甲醛）溶液（即含40%甲醛的药液500mL加水100L），在播种前浸2h，或用对苯二酚（化学醇）100g，加水100L配成0.1%的溶液，于播种前浸种30min，而后取出晾干播种。为保证药效，在浸种前需将块茎上泥土去掉。

5）药剂处理。可选用农用链霉素、代森铵、春雷·王铜、加瑞农等药剂喷淋，每隔7～10天1次，连续喷2～3次。

3. 环腐病

环腐病又称轮腐病，俗称转圈烂、黄眼圆，是一种细菌性病害。在全国各地均有发现，北方比较普遍，发病严重的地块可减产30%～60%。收获后贮藏期间若有病薯存在，常造成块茎大量腐烂，甚至“烂窖”，应予以足够重视。

【症状】 病菌主要在植株和块茎的维管束中发展，使组织腐烂。植株地上部分症状因品种不同而表现有枯斑型和萎蔫型两种。枯斑型病株一般在植株基部的顶叶上先发病，初期叶尖和叶缘呈褐色，叶肉为黄绿至灰绿色，叶脉仍为绿色，呈斑驳状态。后期病斑扩展，叶尖叶缘逐渐干枯，叶片向内纵卷，枯斑叶自下向上蔓延，最后全株枯死。萎蔫型初期从植株顶端的复叶开始萎蔫，似缺水状，逐步向下扩展，开花期前后病症明显，后期常出

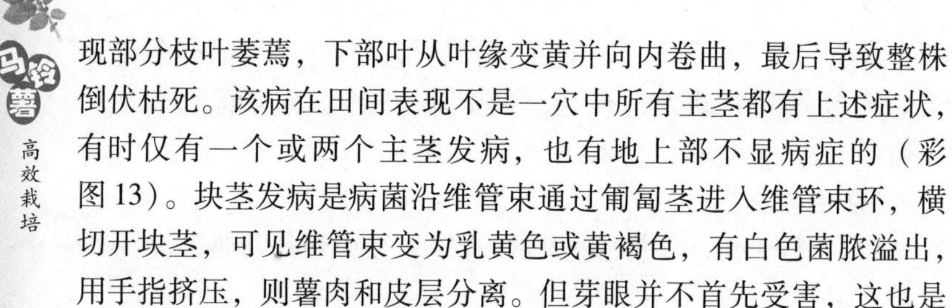

现部分枝叶萎蔫，下部叶从叶缘变黄并向内卷曲，最后导致整株倒伏枯死。该病在田间表现不是一穴中所有主茎都有上述症状，有时仅有一个或两个主茎发病，也有地上部不显病症的（彩图13）。块茎发病是病菌沿维管束通过匍匐茎进入维管束环，横切开块茎，可见维管束变为乳黄色或黄褐色，有白色菌脓溢出，用手指挤压，则薯肉和皮层分离。但芽眼并不首先受害，这也是与青枯病的不同之处（彩图14）。

【传病途径和发病条件】 环腐病菌在土壤中存活时间很短，但在土壤中残留的病薯或病残体内可以存活很长时间，甚至可以越冬，但是第二年或下一季在扩大其再侵染方面的作用不大，因此带病的种薯是第二年初侵染的主要病源。收获期是此病的重要传播时期，病薯和健康种薯可以接触传染，在收获、运输和入窖过程中有很多传染机会，尤其是切块播种，病薯可通过切刀把病菌传给健康块茎。带病种薯播种后，发病重的薯块芽眼腐烂不能发芽，感病轻的薯块发芽成为田间病株，病菌沿维管束上升到地上茎，使茎部维管束变色，或沿地下匍匐茎进入新结薯块，使薯块感病。

环腐病菌生长最适温度是20～23℃，而田间发病的适宜温度是18～20℃，土壤温度超过31℃，病害受抑制，低于16℃症状出现推迟。一般来说，温暖干燥的天气有利于病害发展，贮藏期温度对病害也有影响，在温度20℃上下贮藏比低温1～3℃贮藏的发病率高得多。播种早发病重，收获早则病薯率低，病害的轻重还取决于生育期的长短，夏播和二季作一般发病轻。

【防治方法】

1）建立种薯田。利用脱毒苗生产无病种薯和小型种薯，实行整薯播种，尽量不用切块播种。播种前淘汰病薯，出窖、催芽、切块过程中发现病薯要及时清除。杜绝种薯带病是最有效的防治方法。

2）切块的切刀必须严格消毒。应准备2把切刀，将切刀放入0.1%高锰酸钾溶液或75%的酒精浸泡消毒。

3）选用抗病或者耐病品种，严禁从病区调种，防止病害扩大蔓延。

4）田间拔除病株，淘汰病薯。在盛花期，深入田间调查，发现病株，及时连同薯块挖除干净，对降低发病率有一定效果。种薯入窖时，挑出病薯块，可避免烂窖。

5）药剂拌种。采用农用链霉素拌种，一般100kg种薯用7g硫酸链霉素加2.5kg滑石粉混匀即可。

4. 黑胫病

黑胫病又称为黑脚病，在种植马铃薯的地区均有发生，我国北方和西北地区较为普遍，近年来，南方和西南栽培区有加重的趋势。据报道，损失率为3%～68%，平均15%。

【症状】 该病从苗期到生育后期均可发生，主要为害茎基部和薯块。病重的块茎播种后未出苗即烂掉，有的幼苗出土后病害发展到茎部，也很快死亡，所以常造成缺苗断垄。发病轻的薯块能正常发芽出苗，成为田间病株，幼苗和植株比健株矮小，茎秆变硬、节间短，叶片发黄并向上卷曲，最终萎蔫或因茎基部腐烂而死亡。受害的病株，因茎的基部变黑腐烂很易拔起（彩图15）。田间块茎发病开始于脐部，纵切薯块，病部黑褐色，呈放射状向髓部扩展；横切薯块可见维管束呈黄褐色，用手挤压病部，薯皮和薯肉不分离。湿度大时，薯块呈黑褐色腐烂，散发恶臭味，有别于青枯病。发病轻的薯块，只在脐部呈现很小的黑斑，有时能看到薯块切面维管束呈黑色小点或断线状（彩图16）。

【传病途径和发病条件】 黑胫病病菌在未完全腐烂的薯块上越冬，通过刀具切薯扩大传染，引起更多的薯块发病。带病种薯生长出的植株所带的病菌从匍匐茎进入块茎，并首先在脐部组织发生腐烂，而后延伸使整个块茎腐烂。发病后大量细菌释放到土壤中，可在根部和某些杂草的周围繁殖，再通过雨水、灌溉水从伤口或皮孔侵染健康植株的幼根、新生的块茎和其他部分。感病薯块收获后成为第二年初侵染源。

温湿度是影响黑胫病流行的主要因素。土壤湿度大、温度高

时，植株大量发病。在高寒阴湿地区马铃薯播种出苗后，随着地温的升高，有利于黑胫病的发生，较高的土壤温度促进了地下茎的腐烂发黑，地上茎叶呈萎蔫状，病原菌从伤口侵入。因此，一些地下害虫如金针虫、蛴螬造成的伤口及镰刀菌侵染，有利于此病的发生和加重。此外，中耕、收获、运输过程中使用的农机具及雨水、灌溉等，都可能起传病的作用。贮藏窖内通风不好或湿度大、温度高，有利于发病。

【防治方法】

1）选用抗病品种，建立无病留种地，生产无病种薯，采用单株优选，芽栽或整薯播种。种薯播种前进行严格检查，并在催芽时淘汰病薯。种薯切块时，切刀严格消毒（方法见第四章第一节的相关内容）。

2）药剂浸种。用0.01%～0.05%的溴硝丙二醇溶液浸种15～20min，或用0.05%～0.1%春雷霉素溶液浸种30min，或用0.2%高锰酸钾溶液浸种20～30min，而后取出晾干播种。

3）建立合理轮作，加强栽培管理。选排水条件好的土地种植马铃薯，防止土壤积水或湿度大，导致病害发展。播种、耕地和除草等都要避免损伤种薯。清除病株残体，避免昆虫从侵染源传播病菌。注意农具和容器的清洁，降雨后及时疏松土壤，培土起垄，防止茎叶上的病菌趁雨水渗入土壤侵染新结薯块。

4）收获、运输、装卸过程中防止薯皮擦伤。贮藏前使块茎表皮干燥，贮藏期注意通风，防止薯块表面出现水湿。

第二节　主要生理性病害及预防措施

1. 畸形薯

【症状】　在收获马铃薯时，经常可以看到与正常块茎不一样的奇形怪状的薯块，比如有的薯块顶端或侧面长出1个小瘤，有的中间形成“细脖子”形似哑铃，有的在原块茎前端又长出1段匍匐茎，茎端又膨大成块茎形成串薯，也有的在原块茎上长出几个小块茎，还有的在块茎上裂出 1 条或几条沟，这些奇形怪状的块茎叫畸形薯，或称为二次生长薯和次生薯（彩图 17）。

【形成原因】 畸形薯主要是块茎的生长条件发生变化所造成的。在块茎生长期，外界条件发生了变化，生长受到抑制，暂时停止了生长，比如遇到地温过高或严重缺水，块茎表皮木栓化，形成周皮，甚至进入休眠期。随后由于突然的降雨或灌溉，块茎的生长条件得到恢复，但由于形成周皮的薯块不能继续膨大，因此进入块茎的有机营养，又重新开辟贮存场所，能够继续生长的部位主要是芽眼、块茎顶端，这样就形成了明显的二次生长，出现了畸形块茎。还有些畸形薯是土壤板结或太硬，块茎膨大时因土粒挤压而形成的。总之，不均衡的营养或水分，极端的温度，黏重的土壤，以及冰雹、霜冻等灾害，都可导致块茎的二次生长。但在同一条件下，也有的品种不出现畸形，这与品种特性有关。

当出现二次生长时，有时原形成的块茎里贮存的有机营养如淀粉等，会转化成糖被输送到新生长的小块茎中，从而使原块茎中的淀粉含量下降，品质变劣。由于形状特别，品质降低，就失去了食用价值和种用价值。因此，畸形薯会降低上市商品率，使产值降低。

【预防措施】 上述问题容易出现在田间高温和干旱的条件下，所以，在生产管理上，要特别注意尽量保持生产条件的稳定，适时灌溉，保持适量的土壤水分和较低的地温。同时注意不选用二次生长严重的品种。具体防治方法如下：

1）调整播种期，使块茎膨大期和当地降雨季节相吻合。

2）及时灌水，经常保持土壤湿润，防止土壤过干。

3）深松耙耱，保持土壤疏松。

4）降雨后及时中耕松土，防止土壤板结。

2. 空心薯

【症状】 多发生于块茎髓部，外部无任何症状，但把块茎切开，会见到在块茎中心附近有一个空腔，多数腔的边缘角状，整个空腔呈放射的星状，有的空腔是裂缝，也有的空腔形状呈球形或不规则形。空腔壁为白色或浅棕色，形成不完全的木栓化层。空腔附近由于淀粉含量少，煮熟吃时会感到发硬发脆，这种现象就叫空心（彩图 18）。一般个大的块茎容易发生空心。空心块茎表面和它所生长的植株上都没有任何症状，但空心块茎却对质量有很大影响，特别是用以炸条、炸片的块茎，如果出现空心，会使薯条的长度变短，薯片不整齐，颜色不正常。

【形成原因】 块茎的空心属于生理性病害。由于块茎发育过于迅速、组织扩展不均衡，内部营养转化再利用，逐步使中间干物质越来越少，组织被吸收，从而在中间形成了空洞。导致这种现象的原因有很多方面：

1）植株群体结构不合理，比如种的密度过小，缺苗太多，造成生长空间过大，引致一些薯块生长过于旺盛，内外组织发展不均衡。

2）钾肥供应不足，也是导致空心率增高的因素之一。

3）钙缺乏也是造成空心的重要因素之一。

4）水分供应不合理时，前期水分缺乏，后来突然变为适于快速生长的环境条件，也会诱发块茎产生空心。这种情况，在生长季节或栽培管理适于薯块迅速膨大时，空心最为严重。

5）空心率的高低也与品种特性有一定的关系。

【预防措施】

1）为防止马铃薯空心的发生，应选择空心发病率低的品种。

2）适当调整密度，缩小株距，减少缺苗率，增加植株间的竞争，使植株营养面积均匀，保证群体结构的良好状态。

3）在管理上保持田间水肥条件平稳，一般来说，块茎生长速度比较平稳的地块里，空心现象比马铃薯生长速度上下波动的地块比例要小。

4）增施钾肥，减少空心发病率等。

3. 青头薯

【症状】 在收获的马铃薯块茎中，经常发现有一端变成绿色的块茎，俗称青头。青头主要在生长后期或贮藏期的块茎上发生。在田间，某些薯块拱出土面后，暴露在阳光下，表面组织由黄变绿（彩图19）。变绿的面积视暴露面积大小而不同，这部分除表皮呈绿色外，连接的薯肉内2cm以上的地方也呈绿色。薯肉内含有大量茄碱（也叫马铃薯素、龙葵素），味麻辣，人吃下去会中毒，症状为头晕，口吐白沫。青头现象使块茎完全丧失了食用价值，从而降低了商品率和经济效益。

【形成原因】 薯块暴露在光线下，表皮形成叶绿素，并产生龙葵素。当块茎在田间或收获后在太阳光下暴露一段时间后，组织内的白色体会转化形成叶绿素，使块茎组织变绿。有些马铃薯品种趋向于接近土壤表面坐薯，或薯秧培土薄，或由于土壤水蚀、干燥形成裂缝，或块茎膨大拱土外露等，都有可能在后期使块茎暴露于阳光下，而导致日晒青皮。在田间，播种深度不够，垄小，生长期植株培土少，管理不适造成后期薯块暴露，青皮易于发生。贮藏期间，食用马铃薯受到自然光或荧光照射，都会使块茎表面、有时甚至使深层组织变绿，冷凉条件下比温暖条件发病要缓慢。青皮薯一旦发生，再把块茎放回黑暗中长期保存，绿色也不能褪掉。

【预防措施】

1）培土。在现蕾开花期遇雨后及时培土，防止薯块暴露在光下。

2）选择薯块不易外露出土的品种种植。

3）降雨后及时中耕松土，破除板结，防止地表板结出现裂缝。

4）薯块贮藏期间尽量避免见光，保持环境黑暗。同时尽量保持冷凉的温度，减缓青皮发展速度。

4. 薯肉内部褐斑

【症状】 在田间马铃薯植株生长正常的情况下，收获的块茎外表也没有什么变化，可是切开薯块却发现薯肉里出现大小不等、圆形或不规则形的由浅到深的棕色病斑，极严重时变成黑褐

色至黑色。坏死斑有时接近中心髓部，由中心朝着顶端。坏死斑点坚硬，不易破裂或腐烂，水煮后仍坚硬。

【形成原因】 块茎形成期由于缺水，在膨大后期薯肉内出现大量的组织坏死。高温干旱易引起大面积发生。接近土壤表面的薯块，受害严重，随着在土壤里深度的增加，受害的块茎逐渐减轻。这是一种生理病害，病薯不能传播。

【预防措施】 预防内部褐斑的措施，主要是提高栽培管理水平，做到深种深培土，充足的灌溉，合理的密度，保持茎叶繁茂遮挡地面，降低地温，或后期用草覆盖地面降温保湿防热。选用对高温有耐力的品种。

5. 黑心病

【症状】 主要是块茎贮藏期受害。在块茎中心部分，形成黑色至蓝黑色的不规则花纹，由点到块发展到黑心。随着发展严重，可使整个薯块变色。黑心受害处边缘界限明显。后期黑心组织渐变硬化。在室温情况下，黑心部位可以变软和变成墨黑色。不同的块茎对引起黑心的反应有很大的差别（彩图20）。

【形成原因】 此病害为生理性病害，主要由于块茎内部组织供氧不足引致呼吸窒息所造成。在不同环境条件下，从内部变粉褐色到坏死，直至严重发展形成黑心。

【预防措施】

1）收获后应将薯块放在通气干燥环境中预贮7～10天，使薯块完成后熟阶段，进入休眠期再入窖贮藏。

2）贮藏量应占窖体容积的1/2～2/3为宜。

3）薯堆过大时应在薯堆中间设置通气道。

第三节 主要虫害及防治方法

1. 蚜虫

为害马铃薯的蚜虫主要是桃蚜，又名烟蚜、菠菜蚜、波斯蚜、桃赤蚜、桃绿芽，俗称腻虫、旱虫、油旱虫等（图5-1、彩图21、彩

图22）。

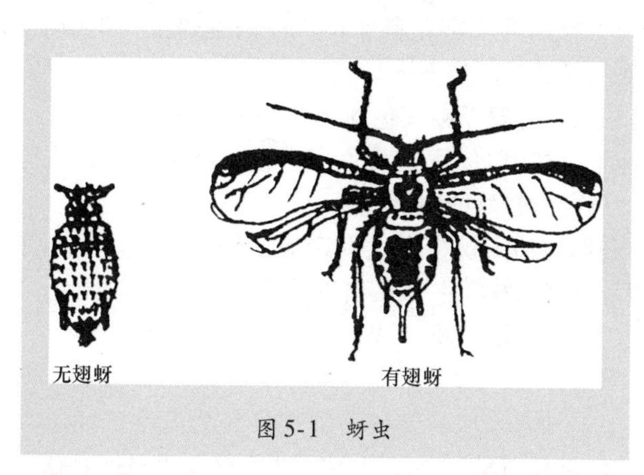

图5-1　蚜虫

【生活习性和为害症状】　在马铃薯生长期蚜虫常群集在嫩叶的背面吸取液汁，造成叶片变形、皱缩，使顶部幼芽和分枝生长受到严重影响。蚜虫能进行孤雌生殖，繁殖速度快，从转移到第二寄主马铃薯等植株后，每年可发生10～20代。幼嫩的叶片和花蕾都是蚜虫密集为害的部位。而且桃蚜还是传播病毒的主要害虫，对种薯生产常造成威胁。

有翅蚜一般在4～5月向马铃薯飞迁，温度25℃左右时发育最快，温度高于30℃或低于6℃时，蚜虫数量都会减少。桃蚜一般在秋末时，有翅蚜又飞回第一寄主桃树上产卵，并以卵越冬。春季卵孵化后再以有翅蚜飞迁至第二寄主为害。

【防治方法】

1）铲除田间、地边杂草，有助于切断蚜虫中间寄主和栖息场所，消灭部分蚜虫。

2）黄板诱蚜。利用蚜虫的驱黄性，将纤维板、木板或硬纸板涂成黄色，外涂10号机油或凡士林等黏着物诱杀有翅蚜虫。黄板高出作物60cm，悬挂方向以板面向东西方向为宜。每亩30块左右即可。使用该种方法时最好群防群治，及时更换黄色板，否则会诱集累积周围的虫源，加重本田危害。

3）种植诱集带。在马铃薯大面积种植区域，可在地块边缘种植不同生育期的十字花科作物，以诱集蚜虫，集中喷药防治，减少蚜虫对马铃薯的伤害。

4）银灰色避蚜。银灰色对蚜虫有较强的驱避性，可在马铃薯田块插竿拉挂 10cm 宽银灰色反光膜条驱避蚜虫，该法对蚜虫迁飞传染病毒有较好的防治效果。

5）药剂防治。蚜株率达到 5% 时施药防治。可选用 50% 抗蚜威可湿性粉剂 2000～3000 倍液喷雾，或 10% 吡虫啉可湿性粉剂 1000～1500 倍液喷雾，或 20% 甲氰菊酯乳油 3000 倍液喷雾，间隔 7～10 天，共喷 2～3 次。

6）生产种薯采取高海拔冷凉地区作为基地，或风大蚜虫不易降落的地点种植马铃薯，以防蚜虫传毒。或根据有翅蚜飞迁规律，采取种薯早收，躲过蚜虫高峰期，以保证种薯质量。

2. 马铃薯瓢虫

马铃薯瓢虫又叫二十八星瓢虫，俗称花牛、花大姐（图 5-2）。马铃薯瓢虫分布很广，我国南北方都有发生，但主要分布于我国北方地区。

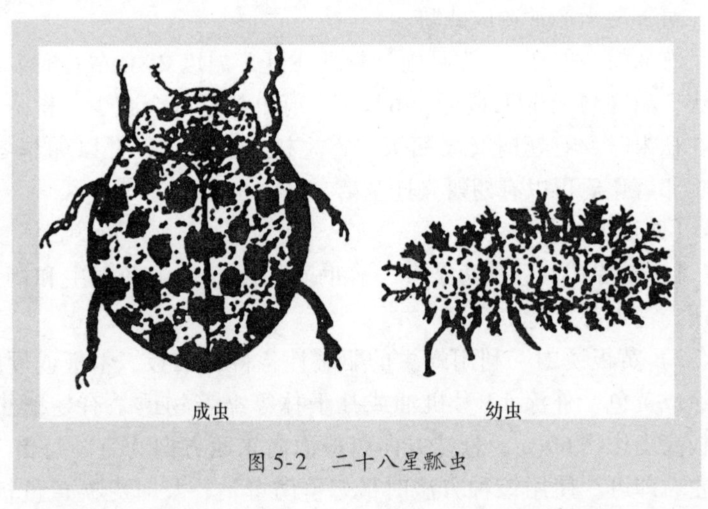

图 5-2　二十八星瓢虫

【生活习性和为害症状】 28 星瓢虫成虫为红褐色带 28 个黑点

的甲虫（彩图23）。在西北、华北地区每年可繁殖2代。以成虫群集在草丛、石缝、土块下越冬。每年3～4月天气转暖时即飞出活动。6～7月份马铃薯生长旺季在植株上产卵，幼虫孵化后即严重为害马铃薯。

幼虫为黄褐色，身有黑色刺毛，躯体扁椭圆形，行动迅速，专食叶肉（彩图24）。被食后的小叶只留有网状叶脉，叶子很快枯黄。

成虫一般在马铃薯或枸杞的叶背面产卵，每次产卵10～20粒。产卵期可延续1～2个月，1个雌虫可产卵300～400粒。孵化的幼虫4龄后食量增大，危害最重。后期幼虫在茎叶上化蛹，1周后变为成虫。

成虫飞翔、转移能力强，早晚蛰伏，白天活动，以10：00～16：00最为活跃。成虫有假死性，遇惊扰时常假死以躲避敌害。

【防治方法】

1）捕杀越冬成虫，降低越冬虫源。查寻田边、地头，消灭成虫越冬地点。10月下旬～11月中旬成虫越冬前，采用人工或化学农药喷洒消灭群集越冬的成虫。

2）人工捕捉成虫，摘除卵块。利用成虫假死性敲打植株使之坠落，收集灭之。人工摘除卵块，集中处理，减少害虫数量。

3）药剂防治。用4.5%高效氯氰菊酯（欣绿）乳油，1～2g/亩，或2.5%三氟氯氢菊酯（功夫）乳油，25～60mL/亩，或2.5%溴氰菊酯（敌杀死）乳油，20～40mL/亩，加水50kg喷雾。发现成虫即开始喷药，每10天喷药1次，在植株生长期连续喷药3次，即可完全控制危害。注意喷药时喷嘴向上喷雾，从下部叶背到上部都要喷药，以便把孵化的幼虫全部杀死。

3. 块茎蛾

马铃薯块茎娥是世界性重要害虫，也是重要的检疫性害虫之一（图5-3）。

【生活习性和为害症状】 为害马铃薯的是块茎蛾的幼虫，在长江以南的省份早有发现，尤以云南、贵州、四川等省种植马铃薯和烟草的地区，块茎蛾的危害严重。后来在湖南、湖北、安徽、甘肃、陕西等省也出现了块茎蛾。幼虫为潜叶虫，为害叶片，大多从叶脉附近蛀入，因虫体很小，进入叶中专食叶肉，仅留下叶片的上下表皮，食损的叶片呈半透明状，所以也称绣花虫、串皮虫。幼虫为害块茎时，从块茎芽眼附近钻入肉内，粪便排在洞外。在块茎贮藏期间危害最重，不注意检查看不到块茎受害症状。幼虫在进入块茎后咬食成隧道，严重影响食用品质，甚至造成烂薯和产量损失。受害轻的产量损失 10% ~ 20%，重的可达 70% 左右。而且对多种茄科作物都能为害。

图 5-3　块茎娥

块茎蛾成虫昼伏夜出，有趋光性。在田间植株茎上、叶背和块茎上产卵，窖藏期间，卵多产在薯块芽眼、破皮、裂缝处。每个雌蛾可产卵 80 粒。幼虫孵化后四处爬散，吐丝下垂，随风飘落在邻近植株叶片上潜入危害，在叶片上形成线性隧道。在块茎上则从芽眼蛀入，在薯块中形成弯曲的虫道，严重时薯块被蛀空，外形皱缩腐烂。刚孵化出的幼虫为白色或浅黄色，幼虫共 4 龄，老熟时虫体为粉红色，头部为棕褐色，体长 6 ~ 13mm。老熟幼虫在干燥的表土或叶背吐丝作茧化蛹，7 ~ 8 天后变成块茎蛾，块茎蛾翅长 13mm 左右。夏季约 30 天、冬季约 50 天 1 代，每年可繁殖 5 ~ 6 代。

块茎蛾可以卵、幼虫、蛹随马铃薯块茎及包装物远距离传播，尤其是种薯调运传播的可能性更大。幼虫随薯块带入仓库，成虫可周年飞翔于仓库和田间产卵。

【防治方法】

1）块茎在收获后马上运回，不使块茎在田间过夜，防止成虫在块茎上产卵。

2）集中焚烧田间植株和地边杂草，以及种植的烟草茎秆。

3）清理贮藏窖、库，并用敌敌畏等熏蒸灭虫。每立方米贮藏库的容积，可用1mL敌敌畏熏蒸。

4）禁止从病区调运种薯，防止扩大传播。

5）药剂防治。用二硫化碳按27g/m^3库容密闭熏蒸马铃薯贮藏库4h。用药量可根据库容大小而增减，或用721b（苏云金杆菌天门变种）粉剂1kg拌种1000kg块茎，处理1~2个月。拌种前需把块茎上泥土去掉，否则会影响药效。成虫期防治：喷洒10%菊·马乳油1500倍液。

4. 地下害虫

(1) 地老虎 俗称麻蛆、地蚕、黑土蚕、切根虫，它种类多、分布广、数量大、为害重，是我国重要的地下害虫，也是世界性大害虫（图5-4）。

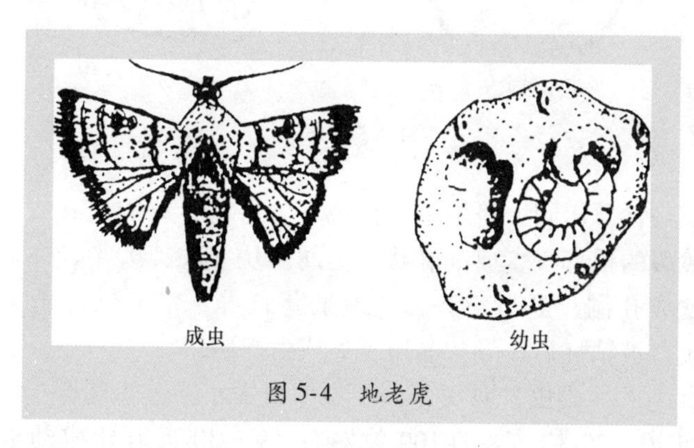

图5-4 地老虎

地老虎有许多种，为害马铃薯的主要是小地老虎、黄地老虎和大地老虎。地老虎是杂食性害虫，以幼虫为害作物，1~2龄幼虫为害幼苗嫩叶，3龄后转入地下为害根、茎，5~6龄为害最重，可将幼苗茎从地面咬断，造成缺株断垄，影响产量。特别对

于用种子繁殖的实生苗威胁最大。地老虎分布很广，各地都有发现。

地老虎可一年发生数代。小地老虎每头雌蛾可产卵 800 ~ 1000 粒，黄地老虎可产卵 300 ~ 400 粒。产卵后 7 ~ 13 天孵化为幼虫，幼虫 6 个龄期共 30 ~ 40 天。

（2）蛴螬 蛴螬为金龟子幼虫的统称，俗名地狗子、土蚕，属鞘翅目金龟子科，是重要的地下害虫（图 5-5）。国内大部分地区均有分布，以气候较湿润且多果树、林木的地区发生较多。

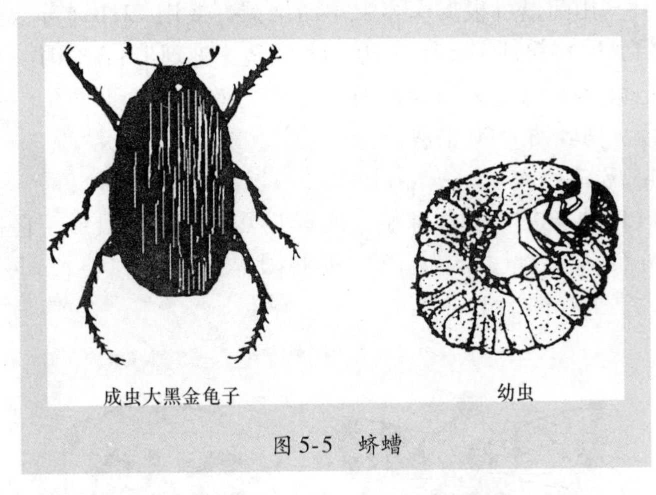

图 5-5 蛴螬

在马铃薯田间，蛴螬主要在地下为害马铃薯的根和块茎，可把马铃薯的根部咬食成乱麻状，把幼嫩块茎吃掉大半，在老块茎上咬食成孔洞，断口整齐，使地上茎营养、水分供应不上而枯死。块茎被钻蛀后，导致品质丧失或引起腐烂。

金龟子（成虫）种类不同，虫体也大小不等，产卵土中，每次产卵 20 ~ 30 粒，多的 100 粒左右，9 ~ 30 天孵化成幼虫（蛴螬）。金龟子完成 1 代需要 1 ~ 2 年，幼虫期有的长达 400 天。

蛴螬体态均为圆筒形，体白、头红褐或黄褐色、尾灰色。虫体常弯曲成马蹄形。终生栖生土中，喜欢在有机质和在骡马粪中生活。蛴螬具有假死性，有夜出性和日出性之分，夜出性种类多有不同程度的趋光性，夜晚取食为害；而日出性种类则白昼在植物上活动取食。

幼虫冬季潜入深层土（地下90cm以下）中越冬，在10cm深的土壤温度5℃左右时，上升活动，土温在13～18℃时为蛴螬活动高峰期。土温高达23℃时即向土层深处活动，低于5℃时转入土下越冬。蛴螬的发生与土壤温度和湿度、食料、耕作栽培及农田附近的林木、果树等生态条件有密切的关系。

（3）蝼蛄 蝼蛄又称拉拉蛄、土狗子，是各地普遍存在的地下害虫（图5-6）。河北、山东、河南、苏北、皖北、陕西和辽宁等省的盐碱地和沙壤地受害最重。常在3～4月份开始活动，昼伏夜出，于表土下潜行用口器和前边的大爪子（前足）把马铃薯的地下茎或根撕成乱丝状，使地上部萎蔫或死亡，有时也咬食芽块，使芽不能生长，造成缺苗。在土中串掘隧道，使幼根与土壤分离、透风，造成失水，影响幼苗生长，甚至死亡。在秋季咬食块茎，使其形成孔洞，或使其易感染腐烂菌造成腐烂。

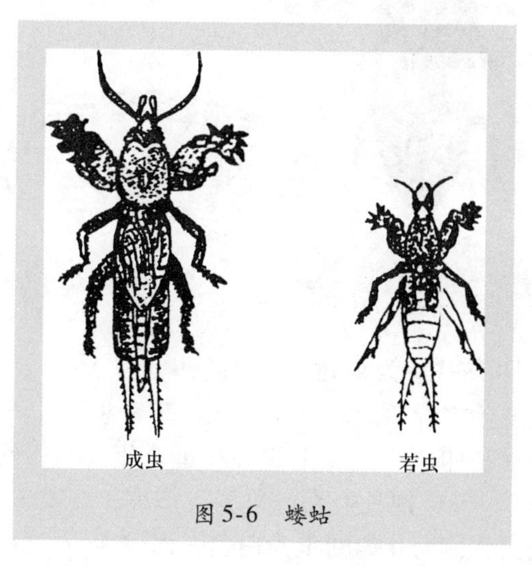

图5-6 蝼蛄

蝼蛄在华北地区3年完成1代，在黄淮海地区2年完成1代。成虫在土中10～15cm处产卵，每次产卵120～160粒，最多达

528粒。卵期25天左右，初孵化出的若虫为白色，而后呈黑棕色。成虫（翅已长全的）和若虫（翅未长全的）均于土中越冬，洞在土壤中最深可达1.6m。

蝼蛄具有趋光性，对半熟的谷子、炒香的豆饼、麦麸及马粪等有机物质也有强烈趋性。蝼蛄喜欢沙壤或疏松壤土，黏重土壤不适于蝼蛄栖息活动，发生数量较少。

(4) 金针虫 金针虫是叩头甲虫的幼虫，各地均有分布(图5-7)。以幼虫为害为主，在土中活动常咬食马铃薯的根和幼苗，稍粗的根或茎虽很少被咬断，但会使幼苗逐渐萎蔫或枯死。秋季幼虫钻进块茎中取食，使块茎丧失商品价值。咬食块茎过程还可传病或造成块茎腐烂。

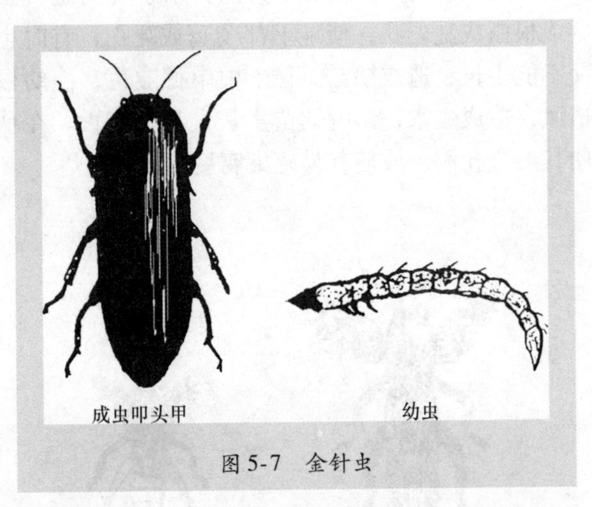

图5-7 金针虫

成虫（叩头甲）为褐色或灰褐色甲虫，体形较长，头部可上、下活动并使之弹跳。幼虫体细长，20~30mm，外皮金黄色、坚硬、有光泽。叩头甲完成1代要经过3年左右，幼虫期最长。成虫于土壤3~5cm深处产卵，每只可产卵100粒左右。35~40天孵化为幼虫，刚孵化的幼虫为白色，而后变黄。幼虫于冬季进入土壤深处，3~4月份10cm深处土温6℃左右时，开始上升活动，土温10~16℃为其为害盛期。温度达21~26℃时又逐渐下移；秋季地表温度下降后，又进入耕作层为害。成虫昼伏夜出，具趋光性。

【防治措施】

1）清除田间及地边杂草，使成虫产卵远离本田，减少幼虫为害。收获以后深翻耕地，随犁拾虫，将幼虫暴露在土表，经暴晒、冷冻而死，或被鸟类啄食。合理轮作，改良盐碱地，有条件的地区实行水旱轮作，可消灭大量地下害虫。

2）施用腐熟有机肥。由于金龟甲、叩头甲、种蝇等对未腐熟的农家肥有趋性，趋使其将卵产在未腐熟的粪肥中，地下害虫发生严重，而农家肥经高温堆沤发酵后可杀死其中的卵和幼虫，因而必须施用腐熟农家肥。为害期追施碳酸氢铵等化肥，散发出的氨气对地下害虫有一定的驱避作用。

3）灌水。地下害虫危害严重时灌水，促使幼虫向土壤深层转移，避开幼苗最易受害时期。

4）用频振式黑光灯诱杀成虫。金龟甲、叩头甲、蝼蛄、地老虎等对黑光灯有趋性，可诱杀成虫。

5）种薯处理。播种前，用50%辛硫磷乳油，按种子重量0.1%～0.2%拌种，堆闷12～24h后播种。

6）用毒饵诱杀。以80%的敌百虫可湿性粉剂500g加水溶化后和炒熟的棉籽饼或菜籽饼20kg拌匀，或用灰灰菜、刺儿菜等鲜草约80kg，切碎和药拌匀作毒饵，于傍晚撒在幼苗根的附近地面上诱杀。

7）土壤处理。地下害虫危害较重的地块，每亩用48%的乐斯本（毒死蜱）乳油250mL加水5kg，喷洒于50kg细沙中拌匀制成毒土，犁地时撒入犁沟，也可撒于地表，随即耕翻耙耱；或每亩用48%的乐斯本（毒死蜱）乳油450mL，与25%的醚菌酯（阿米西达）60mL混合，加水200kg，在播种时喷施于犁沟，进行土壤处理，可兼治丝核菌病；也可每亩用3%乐斯本（毒死蜱）颗粒剂2kg或5%涕灭威（神农丹）2.5kg或3%辛硫磷颗粒剂

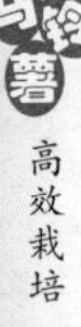

2.5kg在播种时撒施于播种沟内。马铃薯播种出苗后受害，用48%乐斯本（毒死蜱）乳油1500倍液浇灌植物根部，每株浇药液100mL。马铃薯脱毒苗被地老虎为害，可用48%乐斯本（毒死蜱）乳油1000倍液喷湿表土。

——第六章——

马铃薯病毒性退化与脱毒种薯的生产

农民朋友种植马铃薯时常常会遇到这种情况："一年大，两年小，三年、四年不见了"，这就是马铃薯退化现象。病毒感染是引起退化的主要原因。马铃薯是用块茎进行无性繁殖的，当病毒侵入体内会代代相传并积累，有时可能受2～3种病毒复合侵染。感染病毒的马铃薯种植时间越长，病毒性退化就重。

小知识：

马铃薯连续种植几年后，常会出现植株变矮，分枝减少，茎秆细弱，叶片卷曲、皱缩、变小，叶色改变或出现黄绿相间的斑驳，植株长势衰退，块茎变畸形或瘦小，产量一年不如一年，最后失去种植价值，这种现象就是"马铃薯退化"。

解决马铃薯退化最为有效的办法，就是脱除已侵染到块茎中的病毒，使其恢复原有品种的生长特性。目前，几乎所有生产马铃薯的国家都利用茎尖组织培养技术脱毒，长期保持优良品种的生产潜力，生产无病基础种薯，并通过一定的良种繁育体系，源源不断地为生产提供优良种薯。

第一节 马铃薯病原的主要类型及传染途径

一 引起马铃薯退化的主要病原类型及传染途径

引起马铃薯退化现象的主要病原类型有三种：病毒、类病毒、类菌原质体。其中以病毒和类病毒为主。

病原的传染途径有汁液接触传播和昆虫传播两种途径。病毒和类病毒具有这两种传染方式。媒介昆虫主要是蚜虫，其次为叶蝉。而类菌原质体多为叶蝉或土壤线虫传播。

二 我国主要的马铃薯病毒

为害马铃薯的病毒有30多种。在我国普遍存在并且危害严重的有以下几种：卷叶病毒、轻花叶病毒、重花叶病毒、A病毒、潜隐花叶病毒、M病毒，其中轻花叶病毒、重花叶病毒和卷叶病毒比较普遍，后两种危害严重。此外，马铃薯纺锤块茎类病毒在我国存在范围较广、危害严重，并且最难根治，用茎尖脱毒的方法也很难去除。马铃薯病毒、感病症状及危害见表6-1。

表6-1 主要马铃薯病毒、感病症状及危害

病毒名称	植株症状	对产量的影响
马铃薯卷叶病毒（PLRV）	植株叶片从下部开始卷叶，而后逐渐向上发展。典型的卷叶病，是叶片边缘向上卷成桶状，而且患卷叶病的叶片发脆，折叠有声（彩图25）	为害马铃薯的主要病毒之一，病害严重造成的产量损失可达40%～60%
马铃薯X病毒（普通花叶病或轻花叶病PVX）	植株感病后，生长正常，叶片平展，但是叶脉间叶肉色泽深浅不均匀，叶片易见黄绿相间的轻花叶。在某些品种上，高温或低温下都可隐症，受害块茎不表现症状（彩图26）	传播范围广，一般造成产量损失10%左右，严重时可造成50%以上的产量损失
马铃薯Y病毒（重花叶病、条斑花叶病PVY）	受侵染后常使叶片严重皱缩，叶脉坏死或呈条斑垂叶坏死。在叶柄和茎上出现条斑坏死，导致垂叶、落叶，甚至植株枯死（彩图27）	尤其是Y病毒和X病毒或与A病毒等复合侵染后，植株受害更严重，造成的产量损失可达80%

（续）

病毒名称	植株症状	对产量的影响
马铃薯A病毒（PVA）	单独侵染马铃薯时，症状轻微，危害不重，但与X、Y病毒复合侵染时，常造成皱缩花叶，引起严重危害。病毒侵染植株后，叶片扭曲、叶尖出现黄色斑驳，后期叶脉下陷，叶边缘粗缩	
马铃薯S病毒（潜隐花叶病PVS）	侵入植株后表现不明显，仔细观察可发现小叶片叶脉下陷，叶面微有皱缩，叶片轻微的下垂，没有健株叶面平展，对S病毒过敏的品种常出现叶片色泽为古铜色	能造成减产10%～20%
马铃薯M病毒（PVM）	在叶脉间呈块状花叶，叶片皱缩，严重时出现叶脉坏死	
奥古巴花叶病毒	发病的叶片黄斑在叶的表面，呈鲜黄色不规则的斑块，多出现在中部和底部叶片上，在田间很容易识别	
马铃薯纺锤块茎类病毒（PSTVd）	田间感病植株直立，分枝较少，叶片与主茎间角度小。叶色灰绿，顶部叶片竖立，叶片背面褪色或呈紫红色。同时叶片小而脆，小叶中脉内弯，叶片卷曲。马铃薯感染类病毒后产生纺锤形块茎，块茎细长，芽眉凸起，有时表皮龟裂（彩图28、彩图29）	该病毒弱毒株系可造成产量损失20%～35%，强株系则可高达60%

第二节 马铃薯脱毒的主要方法

脱毒后的马铃薯，摆脱了病毒对植株机体生理活动的干扰，生长旺盛，从而恢复了该品种原有的生长发育特性，比脱毒前至少增产30%～50%，甚至成倍增产。退化越严重，脱毒后增产效果越明显。

我国的马铃薯茎尖脱毒研究起于20世纪70年代初，1976年于内蒙古建立我国第一个马铃薯脱毒原种场，开始了我国无病毒种薯生产的时代。当前脱除马铃薯病毒的方法有5种：茎尖培养

脱毒法、热处理脱毒法、热处理结合茎尖培养脱毒法、愈伤组织培养脱毒法、化学处理脱毒法。其中应用最广的是热处理与茎尖培养相结合的脱毒方法。

一 热处理结合茎尖培养脱毒法的流程

同一品种个体之间在产量和病毒感染程度上有很大差异。在脱毒之前，对准备进行脱毒复壮的马铃薯品种或材料进行田间选株挂牌，提前收获挂牌植株，选取将要脱毒的块茎。块茎度过休眠期，催壮芽即可进行茎尖剥离培养。马铃薯茎尖培养脱毒法的流程，见图6-1。

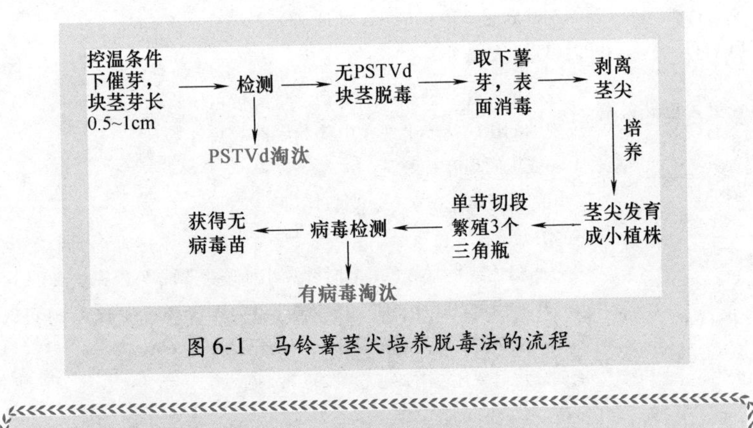

图6-1 马铃薯茎尖培养脱毒法的流程

田间选株要注意以下几方面的问题：

一是所选的植株必须符合品种的特征，包括株型、叶形、花色等生物学性状及农艺性状。二是植株生长健壮，无明显的病害症状，包括病毒病、真菌、细菌性病害。三是适时早收，挑选单株产量及大薯率高的单株。选作脱毒的块茎应符合品种特征，包括皮色、肉色、薯形、芽眼等，应选用无病斑、虫蛀和机械创伤的大薯块作为脱毒材料。

二 热处理结合茎尖培养脱毒的操作方法

1. 类病毒（PSTVd）检测

由于类病毒难以通过茎尖组织培养脱除，因此可在田间选出未感病或无症状的植株，进一步筛选出未感染类病毒的块茎，作为脱毒材料。

类病毒检测方法有往复聚丙烯酰胺凝胶电泳（R－PAGE）、反转录聚合酶链式反应（RT－PCR）、核酸斑点杂交（NASH）等项检测技术。最常用的检测方法是往复聚丙烯酰胺凝胶电泳和反转录聚合酶链式反应。

2. 取样与消毒

高温预处理可以显著提高对马铃薯奥古巴花叶病毒、马铃薯轻花叶病毒和马铃薯潜隐花叶病毒的脱除。先将渡过休眠期的块茎放在培养箱内进行热处理，根据脱除目标病毒选择适当的温度和时间，处理结束后立即进行茎尖脱毒培养。待芽长1～2cm、未充分展叶时，将芽剪下，剥去外层大叶片，在自来水下冲洗30min，然后在超净工作台上用70%酒精中浸泡30s左右，再用1%～3%次氯酸钠溶液消毒5～10min［或5%～7%的漂白粉溶液消毒10～20min；或用0.1%升汞（$HgCl_2$）消毒5～10min］，最后用无菌水冲洗材料4～5次。

3. 茎尖剥离

在无菌条件下，将消过毒的芽置于40倍的解剖镜下，用解剖针或解剖刀剥去外部叶片，直到闪亮半球形生长点充分暴露后，切下带有1～2个叶原基的茎尖生长点（图6-2），随即接种到茎尖脱毒培养基上（表6-2）。所用的解剖针或解剖刀等金属用具，在使用前先浸泡在95%酒精中，取出后用酒精灯火焰灼烧灭菌，冷却后使用。解剖镜台应垫载玻片，每剥离一个茎尖换一片消过毒的载玻片。剥取茎尖时一定要细心，针尖或刀尖不能伤及生长点。每个培养瓶只接种1个茎尖，然后将培养瓶用绳系好，并在培养瓶上编号，以便成苗后检查。

马铃薯幼芽

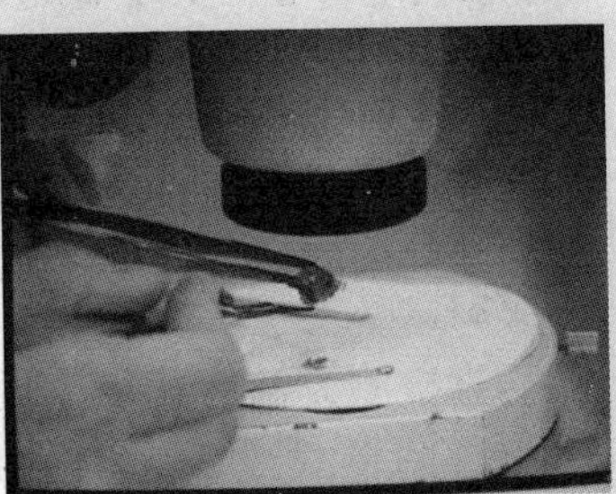

茎尖剥离

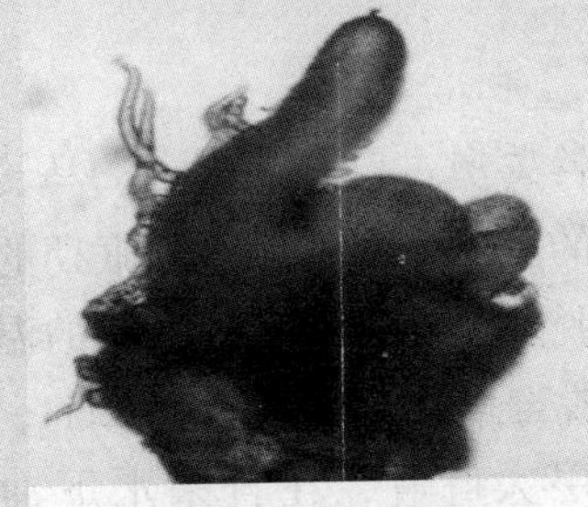

显微镜下的茎尖生长点

茎尖培养

图 6-2　马铃薯茎尖剥离、培养过程

表 6-2　马铃薯茎尖组织脱毒培养基

成分		MS（62）培养基	FAO 推荐的培养基	中国台湾利用的培养基
大量元素	硝酸铵（NH_4NO_3）/(mg/L)	1650	1650	—
	硝酸钾（KNO_3）/(mg/L)	1900	1900	125
	氯化钙（$CaCl_2 \cdot 2H_2O$）/(mg/L)	440	440	—
	硫酸镁（$MgSO_4 \cdot 7H_2O$）/(mg/L)	370	500	125
	磷酸二氢钾（KH_2PO_4）/(mg/L)	170	170	125
	硝酸钙［$Ca(NO_3)_2 \cdot 4H_2O$］/(mg/L)	—	—	500
	氯化钾（KCl）/(mg/L)	—	—	1000
	硫酸铵［$(NH_4)_2SO_4$］/(mg/L)	—	—	1000
铁盐	硫酸亚铁（$FeSO_4 \cdot 7H_2O$）/(mg/L)	27.8	27.8	—
	乙二胺四乙酸钠（Na_2-EDTA）/(mg/L)	37.3	38.0	—

（续）

成　分		MS（62）培养基	FAO 推荐的培养基	中国台湾利用的培养基
微量元素	硼酸（H_3BO_4）/(mg/L)	6.2	1.0	1.0
	硫酸锰（$MnSO_4 \cdot 4H_2O$）/(mg/L)	22.3	0.5	0.1
	碘化钾（KI）/(mg/L)	—	0.01	0.01
	硫酸铜（$CuSO_4 \cdot 5H_2O$）/(mg/L)	0.025	0.03	0.03
	硫酸锌（$ZnSO_4 \cdot 7H_2O$）/(mg/L)	8.6	1.0	1.0
	氯化铝（$AlCl_3$）/(mg/L)	—	0.03	0.03
	氯化镍（$NiCl_2 \cdot 6H_2O$）/(mg/L)	—	0.03	0.03
	氯化钴（$CoCl_2 \cdot 6H_2O$）/(mg/L)	0.025	—	—
	氯化铁（$FeCl_3$）/(mg/L)	—	—	1.0
有机成分	烟酸/(mg/L)	0.5	1.0	1.0
	维生素 B_1/(mg/L)	0.1	1.0	1.0
	泛酸钙/(mg/L)	—	0.5	1.0
	核黄酸/(mg/L)	—	0.1	—
	对氨基苯甲酸/(mg/L)	—	1.0	—
	叶酸/(mg/L)	—	0.1	—
	生物素/(mg/L)	—	0.2	0.01
	吲哚-3-丁酸/(mg/L)	—	0.2	—
	硫酸盐腺嘌呤/(mg/L)	—	80	—
	肌醇/(mg/L)	100	100	100
	甘氨酸/(mg/L)	2.0	—	—
	吲哚-3-乙酸/(mg/L)	1~30	—	—
	激动素/(mg/L)	0.04~10	—	—
	维生素 B_6/(mg/L)	0.5	1.0	—
	萘乙酸/(mg/L)	—	—	0.005
	蔗糖/(g/L)	30	20	—
	琼脂/(g/L)	6~8	8	—
	pH	5.7	5.3~5.5	5.5

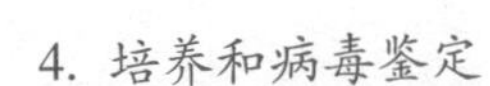

4. 培养和病毒鉴定

（1）接种后材料的培养 接种后材料放置于培养室中，温度25℃±2℃，光照度3000lx，每日光照16h条件下培养。30～40天即可看到茎尖明显长大，此时可将茎尖转到无生长调节剂的MS培养基上继续培养，2～4个月后，发育成4～5叶片的小植株，就可以按单节切段扩大繁殖，经过20～30天后再按单节切段，分别接种于3个三角瓶中，成苗后其中两瓶用于病毒检测，结果为阴性时，保留的一瓶用于扩繁，如果检测结果为阳性，则将保留的瓶苗淘汰。

（2）双抗体夹心酶联免疫检测法 血清学法具有特异性高，测定速度快，操作简便等特点，几小时甚至几分钟就可以完成。免疫吸附试验法（ELISA）是马铃薯病毒鉴定中最常用和有效的方法。ELISA是把抗原与抗体的特异免疫反应和酶的高效催化作用有机地结合起来的一种病毒检测技术。

5. 典型性鉴定

在培养过程中，茎尖容易因外界条件的影响发生变异。无病毒的试管苗，在进一步大量扩繁或工厂化生产前，还需要进行田间试种观察鉴定。将每个无病毒株系的试管苗取出一部分，移栽或诱导成试管薯播种到大田试种、观察、检验其是否发生了变异，是否符合选定品种的全部生物学特性及农艺性状。变异的株系都必须淘汰。

第三节 无毒苗的保存和繁殖

通过不同脱毒方法所获得的试管苗，经鉴定确为无特定病毒的植株，既是无病毒原种。无病毒植株可重新感染病毒，所以一旦培育得到无毒苗，就应很好保存，防止再度感染。

一 无毒苗的保存

1. 田间种植保存

无病毒植株（原种）必须在隔离区或防虫网室内种植保存。种植的土壤也必须消毒，保证无病毒植株在严密隔离条件下栽培，并采用最优良的栽培技术措施。

但是，田间种植保存不仅需要大量的人力、物力和财力，而且不可避免地受到各种灾害（干旱、洪涝、病虫害等）和人为因素的影响，最终可能造成资源混杂或遗失。

2. 离体保存

20 世纪 80 年代以来利用茎尖脱毒、组织培养技术逐渐将资源转育成试管苗保存。离体条件下试管苗保存即避免田间病虫害的侵袭，减少资源流失，又具有占用空间小，维护费用相对较低，便于国际的种质交流等优点。离体保存可分为一般保存和限制生长保存。

（1）一般保存 马铃薯试管苗接种在 Ms 固体培养基上，保存温度为 20 ~ 22℃，光照为 2000lx（光照 16h，黑暗 8h），每 1 ~ 3 个月继代培养 1 次。

（2）限制生长保存 通过调节培养环境条件，限制离体培养物的生长速度来保存种质的方法。限制离体培养物的生长速度的方法很多，如低温、提高渗透压、添加生长延缓剂（或抑制剂）等。

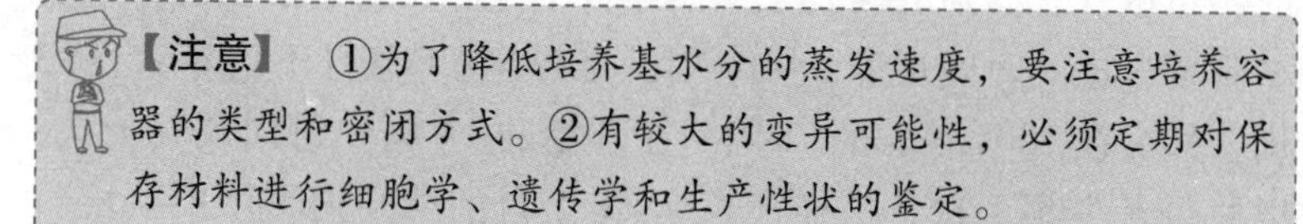

【注意】 ①为了降低培养基水分的蒸发速度，要注意培养容器的类型和密闭方式。②有较大的变异可能性，必须定期对保存材料进行细胞学、遗传学和生产性状的鉴定。

1）低温保存法：是限制生长应用最广的方法，一般在 1 ~ 9℃下培养，常与提高培养基渗透压相结合。在这种条件下，培养物的生长受到限制，继代培养时间间隔可达数个月至 1 年，非常适于中、短期的保存。如果需要利用这些材料，把培养物转移

到常温条件下培养，即可迅速恢复生长。

2）高渗透压保存法：通过提高培养基渗透压，影响培养物的吸收作用，达到抑制培养物的生长速度的保存方法。一般来说，离体培养物正常生长所使用的培养基蔗糖含量为2%～4%，提高蔗糖含量到10%左右。提高培养基渗透压还可加甘露醇、山梨酸等惰性物质（不易被培养物吸收），这样可以使其限制离体培养物生长的作用更持久。一般可用2%～3%蔗糖加2%～5%甘露醇处理。

3）抑制生长保存法：利用一定措施来延缓或抑制离体培养物的生长发育，通常采用添加外源生长延缓剂（或抑制剂）来延缓培养物的生长。常用的有矮壮素（CCC）、二甲氨基琥珀酸酰胺（B9）、ABA、多效唑等。

3. 微型薯保存

马铃薯微型薯的诱导成功为资源保存开辟了一条新的途径，是一种目前较为实用和保存时间长的方法。据国际马铃薯中心报道，与试管苗相比，微型薯一般条件下可保存2年，低温条件下能延长至4～5年。

具体的操作是：将带有一个芽节的试管苗茎段接入装有15mL培养基的试管（25mm×150cm）内，试管用锡箔纸封口以利于水分的保持，采用MS基本培养基（8%蔗糖+0.6%琼脂，pH 5.6）。接种后在光照培养室培养7天，待新苗长至2cm以上时，将试管转移到10～15℃黑暗条件下诱导试管薯的形成，视其试管薯形成的时间培养6～14周，接着在4℃条件下培养25～33周，然后在10℃下培养52周，在开始的14周中每周观察1次，以后每月观察1次，这样在长达21个月的期间内不用更新培养基，反复多次形成新的试管薯，21个月后仍能生产有活力的试管薯。

二 脱毒苗、试管薯的快速繁殖

脱毒种薯具有极大的增产潜力，快速大量繁殖脱毒苗和脱毒微型薯，是脱毒种薯尽快用于生产的关键环节。多年来，科技人员研究、总结了许多高效低成本的快繁技术，并取得了很好的效果。

1. 茎切段繁殖脱毒苗方法

脱毒苗单节切段扩繁技术，使脱毒苗年繁殖倍数达 10^7，可为微型薯原原种生产提供大量基础苗，目前已被广泛采用。具体方法：在无菌条件下，将脱毒苗按单节切段，每节带 1 个叶片，将切段接种于培养瓶的培养基上，接种时叶芽向上，置于培养室培养 2 ~ 3 天，叶芽处长出新芽并可生根。培养条件：温度 21 ~ 25℃，光照 3000lx（光照 16h，黑暗 8h）。马铃薯茎切段繁殖培养基见表 6-3。

表 6-3 马铃薯茎切段繁殖培养基

成分		FAO 推荐的培养基	中国台湾利用的培养基
大量元素	硝酸铵（NH_4NO_3）/(mg/L)	1650	1650
	硝酸钾（KNO_3）/(mg/L)	1900	1900
	氯化钙（$CaCl_2 \cdot 2H_2O$）/(mg/L)	440	440
	硫酸镁（$MgSO_4 \cdot 7H_2O$）/(mg/L)	500	370
	磷酸二氢钾（KH_2PO_4）/(mg/L)	170	170
铁盐	硫酸亚铁（$FeSO_4 \cdot 7H_2O$）/(mg/L)	27.8	27.8
	乙二胺四乙酸钠（Na_2-EDTA）/(mg/L)	38.0	37.3
微量元素	硼酸（H_3BO_4）/(mg/L)	6.2	6.2
	硫酸锰（$MnSO_4 \cdot 4H_2O$）/(mg/L)	22.3	22.3
	硫酸锌（$ZnSO_4 \cdot 7H_2O$）/(mg/L)	8.6	8.6
	碘化钾（KI）/(mg/L)	—	0.83
	钼酸钠（$Na_2MoO_4 \cdot 2H_2O$）/(mg/L)	0.25	0.25
	氯化钴（$CoCl_2 \cdot 6H_2O$）/(mg/L)	—	0.025
	硫酸铜（$CuSO_4 \cdot 5H_2O$）/(mg/L)	0.03	0.025

（续）

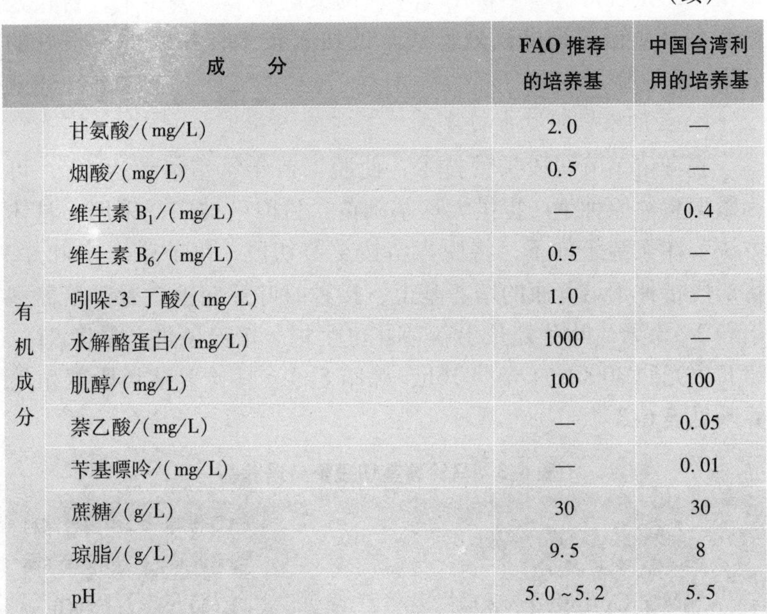

成分		FAO推荐的培养基	中国台湾利用的培养基
有机成分	甘氨酸/(mg/L)	2.0	—
	烟酸/(mg/L)	0.5	—
	维生素 B_1/(mg/L)	—	0.4
	维生素 B_6/(mg/L)	0.5	—
	吲哚-3-丁酸/(mg/L)	1.0	—
	水解酪蛋白/(mg/L)	1000	—
	肌醇/(mg/L)	100	100
	萘乙酸/(mg/L)	—	0.05
	苄基嘌呤/(mg/L)	—	0.01
	蔗糖/(g/L)	30	30
	琼脂/(g/L)	9.5	8
	pH	5.0~5.2	5.5

马铃薯试管苗快速繁殖时，试剂用量大，成本相对较高，如何降低成本已经引起广泛关注。常用的方法有以下几种：

（1）简化培养基 去除MS培养基中的有机成分（如生物素、泛酸钙、烟酸、肌醇等），不添加植物生长调节剂。选用化学纯试剂，可用食用白糖代替蔗糖，软化自来水代替蒸馏水。为使试管苗发育健壮，也可加入适量的活性炭、B9、矮壮素等。

（2）改固体培养为液体培养 琼脂的费用在培养基成本中占有较大比重，采用液体培养可以显著降低培养成本。试验表明：液体培养基培养试管苗比固体培养基生根快，长的粗壮，便于栽植，提高试管苗成活率。液体培养时，培养容器要选用透气性良好的封口材料，利于试管苗的健壮生长。培养过程中避免震动，防止茎段被淹没窒息死亡。但是，液体培养污染率高，应注意防治。

（3）简化接种方法 减少扩繁的工作量，也可以减低生产成本。如在生产上大量扩繁时，可直接将茎段平铺在培养基上，这样可以节省接种时间。

2. 试管薯的繁殖

试管薯是在一定培养条件下，利用液体培养基诱导脱毒植株在三角瓶等容器内生产较多的微型薯块，试管薯质量相当脱毒苗。试管薯具有的优点：试管薯诱导不受季节限制，可以在容器内周年生产，无病毒再侵染的危险。并且试管薯体积小，便于种质资源的保存和交流，又可作为繁殖原原种的基础材料。无毒苗快繁与微型薯生产程序示意图，见图6-3，具体方法如下：

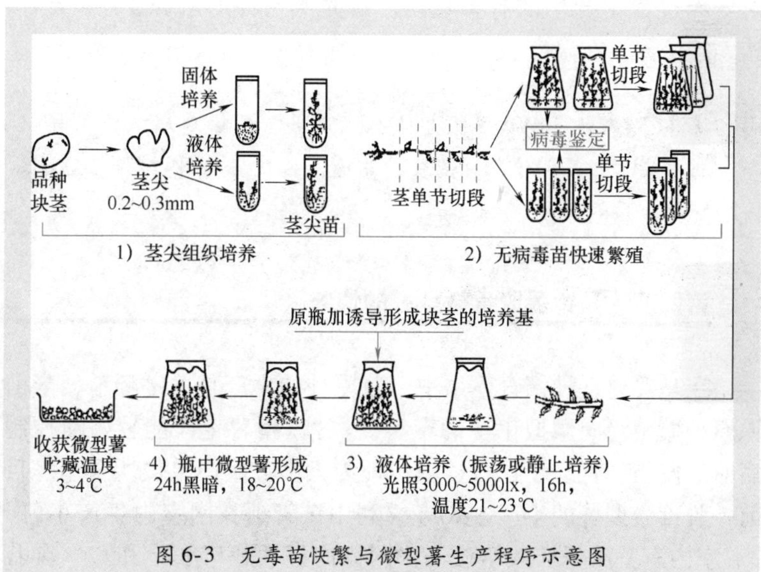

图6-3　无毒苗快繁与微型薯生产程序示意图

（1）培育健壮试管苗　健壮的试管苗是试管薯诱导成败的关键，只有在诱导试管薯前一阶段培养出根系发达、茎秆粗壮、叶色浓绿的试管苗，才能获得高产、优质的试管薯。

首先要选择优良株系，将带有4~5个茎节的试管苗去掉顶芽（打破顶端优势）接种在液体培基上进行浅层静止培养，培养1周左右，每个茎段由叶芽处长出多个小苗，3~4周后每个腋芽

发育成具有 5 ~7 个节的健壮试管苗。

1）壮苗培养基：MS + 6-BA 3mg/L + 活性炭 0.15% + 蔗糖 3%，pH 5.6。

2）培养条件：温度 21 ~25℃，光照 3000lx（光照 16h，黑暗 8h）。

（2）诱导结薯 当壮苗将要长到培养瓶口时，换诱导试管薯的培养基。

诱导试管薯的培养基：MS + 6-BA 5mg/L + CCC 500mg/L + 蔗糖 8%，pH5.8。培养基中可加入 0.1% ~0.2% 的活性炭，以吸附培养过程中产生的有害物质。置光照条件下培养 3 ~4 天后，转入暗培养，在温度 18℃ ±1℃条件下，6 周后收获试管薯。

【注意】 试管薯诱导采用液体培养基，气体交换不良而且容易污染。因此，培养容器要选用透气性良好的封口材料，注意防治污染。

第四节 马铃薯脱毒微型薯的快繁

在马铃薯良种繁育体系中，原原种的生产是关键环节，当前原原种繁殖趋向微型化（即微型薯），微型薯生产能较好地控制病原的侵染，且易于贮藏运输，现为大多数生产单位所采用。目前，脱毒微型薯的生产方式有"利用试管薯在网室内生产小薯""温室内有基质扦插栽培法""网棚内扦插栽培法"和"气雾栽培法"。

一 利用试管薯在网室内生产微型薯

试管薯易于保存，所占空间少，其质量相当于脱毒试管苗，可作为繁殖原原种的基础材料，渡过休眠或打破休眠后可直接播种在防虫网室内，通过播种密度来调节结薯个数和薯块大小。试管微型薯栽培技术如下：

1. 催芽

在育苗前40天取出贮藏的试管薯（如果未渡过休眠，用0.5～1mg/L的赤霉素浸种10min后捞出晾干），置于室内（18～20℃）散射光条件下催芽，待芽长至2～5mm，并变成浓绿或紫色时即可育苗。此时试管薯出苗快，根系发达，生长发育健壮。

2. 育苗

将蛭石、草炭土、二胺、硫酸钾和适量的多菌灵按一定比例混合制成营养基质，装入苗盘，厚5cm，浇透水，按3cm×6cm的株距把试管薯摆放在苗盘中，盖约1cm厚营养基质、轻浇水，建小拱棚，上覆薄膜，确保苗床内的高温高湿的小环境，以利于尽快出苗。苗床温度白天保持在25～28℃，夜间15～18℃。待出苗率达到80%后，开始通风，通风先从背风一侧苗床中央通小风，逐渐过渡到两侧通大风。浇水应少浇，以培育壮苗，苗高5～6cm，有4～5个叶片时准备定植。定植前3～4天揭去薄膜炼苗，以适应网室环境，快速生长。

3. 网室移栽定植

当地温达到7～8℃时即可移栽定植，在平整的土地上铺一层网纱，在其上铺7～8cm营养基质，浇透水，密度为株距10～15cm，行距20～25cm，苗根部压实轻浇水。要精心管理，及时拔出杂草，调控温湿度，促进其健壮生长，当苗长至8～10cm，开始分次培土（蛭石），每次培土埋入1～2个节间，培土3～4次，增加结薯层数。当植株出现徒长时，应喷施1～2次多效唑（60g多效唑可湿粉剂兑水65kg）。在块茎开始膨大时，每隔7～10天喷营养液（0.5%磷酸二氢钾和1.5%尿素溶液）1次，共喷4～5次，以满足植株的需肥量，防止植株早衰。

4. 病虫防治

在蚜虫高峰前，喷施40%氧化乐果乳油和80%敌敌畏乳油灭杀蚜虫。晚疫病防治采用预防为主，综合防治的原则，当田间连续48h下雨或出现雾气时应用2%的波尔多液（硫酸铜＋氢氧化

钙配制）喷雾，每隔 5 ~ 7 天喷 1 次，共喷 3 ~ 4 次，或用 500 ~ 800倍的杀毒矾、克露交叉喷药。

5. 适时收获

为了提高种用价值，减少病毒侵染，可适当提早收获。茎叶开始泛黄时为收获期，收获后，放在温度为 10 ~ 15℃，空气相对湿度为 60% ~ 70% 的条件下，经过 5 ~ 7 天后，开始分级整理装袋贮藏，装袋时要每袋内放标签，并标明品种名、装袋日期等。

二 利用温室内试管苗扦插生产微型薯

可以用脱毒试管苗直接扦插生产微型薯，也可以将试管苗移栽到育苗盘中，长到一定大小后剪顶芽、腋芽扦插生产微型薯，来增加繁殖倍数。

1. 培育壮试管苗

在壮苗培养基（MS + 10mg/L B9 或矮壮素）上培养 2 周左右，温度 21 ~ 25℃，光强 3000lx（光照 16h，黑暗 8h）。移栽前把试管苗瓶先放在窗台处经散射光炼苗 5 天，然后移至温室打开瓶盖再炼苗 1 天（图 6-4）。

图 6-4 试管苗快繁

2. 扦插

将试管苗（以苗高 4 ~ 5cm为宜）拔出，洗净琼脂，用生根剂处理后扦插。用水将营养基质和好（手握成团但不淌水），铺在栽培槽内，厚度 3 ~ 5cm（因幼苗大小而定），刮平后栽苗。开浅沟栽苗，株行距 10cm × 10cm 或 10cm × 5cm，栽苗深度以 1 ~ 2cm 为宜。大苗宜深，小苗宜浅。做到上齐下不齐。栽后轻轻挤压。不要压得太结实，否则影响幼苗成活。用喷壶适当喷水，前 5 天保证苗床有足够湿度（95% 以上）。

3. 扦插苗管理

扦插苗成活后进行叶面喷0.3%磷酸二氢钾和0.2%尿素混合液1次。根据蛭石干湿情况浇水。一般情况下蛭石变松散时应立即浇水。蛭石水分含量应保持在手握成团而不滴水为宜。植株长到8~10cm时进行第一次培土（蛭石）；15~20cm时第二次培土（这时可把植株基部弯成船状压入蛭石中以增加结薯层）。植株徒长时，或株高达到30cm时应进行化学调控，即喷多效唑或矮壮素来控制植株生长（图6-5）。

4. 病害防治

遇到连续阴雨天时，应喷500倍甲霜灵或克露防治晚疫病。每7~10天喷1次防蚜虫的农药。

5. 收获

收获前7~10天停止浇水，让植株自然落黄。若此期遇到阴雨天气，应及时拔掉植株以防止病害发生。待蛭石干透后收获微型薯。微型薯收获后按大小分级装袋，写好标签。

图6-5 温室扦插苗

三 利用防虫网室内生产小薯

这种方法在我国是最普遍采用的方法。由于脱毒试管苗直接定植有一定的困难，所以在定植前采用特殊的假植方式，集中培育壮苗，再按不同的密度定植在网棚内的营养基质上，并喷施营养液来进行脱毒小薯生产，平均单株结5g以上的小薯6~10个（图6-6）。

1. 培育壮苗

将试管苗先扦插在装有营养基质（蛭石∶草炭土∶消毒田园土=1∶1∶1，加入磷酸二铵2kg/m^3）的育苗盘中，在温室中培育

健壮基础苗，加强管理。待苗长至10cm左右即可移栽。

图6-6　防虫网室生产小薯

2. 扦插脱毒苗

用水将蛭石和好（手握成团但不淌水），铺在栽培槽内，厚度3～5cm（因幼苗大小而定），刮平后栽苗。开浅沟栽苗，株行距10cm×10cm或10cm×5cm，幼苗大小以4～6cm为宜，栽苗深度以1～2cm为宜。大苗宜深，小苗宜浅，做到上齐下不齐。栽后轻轻挤压，不要压得太结实，否则影响幼苗成活。用喷壶适当喷水，前5天之内保证苗床有足够湿度（95%以上）。

3. 扦插苗管理

扦插苗成活后进行叶面喷0.3%磷酸二氢钾和0.2%尿素混合液1次。根据蛭石干湿情况浇水，一般情况下蛭石变松散时应立即浇水，蛭石水分含量应保持在手握成团而不滴水为宜。植株长到8～10cm时进行第一次培土（蛭石）；15～20cm时第二次培土（这时可把植株基部弯成船状压入蛭石中以增加结薯层）。植株徒长时，或株高达到30cm时应进行化控，即喷多效唑或矮壮素来控制生长。遇到连续阴雨天时，应喷500倍甲霜灵或克露防治晚疫病。每7～10天喷1次防蚜虫的农药。

4. 收获

收获前7～10天停止浇水，让植株自然落黄。如此期遇到阴雨天气，应及时拔掉植株以防止病害发生。待蛭石干透后收获微型薯。微型薯收获后按大小分级装袋。

四 利用气雾法生产脱毒小薯

气雾法栽培是将健壮的脱毒试管苗固定于栽培槽的支持物上，根据马铃薯不同发育时期，适时适量将不同成分的营养液喷于马铃薯根际（保持根际在黑暗状态下）生产马铃薯小薯的一种栽培技术（图6-7）。该方法要求条件较高，需要一定的资本和设备，并且要求水电的可靠保障，是较现代化的工厂化生产脱毒小薯的方法。

图6-7 气雾法生产小薯

该方法具有以下优点：①生产过程可直接观察，有利于调控植株生长和结薯状况。②脱毒小薯大小可控，并可分期采收。③可周年生产，一般一年可生产3批，平均单株结小薯达80多个。气雾法生产脱毒小薯技术如下：

1. 脱毒苗的准备与定植

将健壮试管苗先扦插在装有营养基质的育苗盘中，在温室中培育健壮基础苗，加强管理。20天左右，将生长健壮且茎直立的苗从育苗盘中剪下，苗高10cm左右（不带根）。用100mg/L萘乙酸浸泡15min后，定植到箱体上，上部留3~4片叶，下部露出的部分要把叶片全部剪掉，以防腐烂引发病害。缓苗期先用清水喷雾，再喷营养液，应注意遮阴，喷水暂停时间应短一些，晴天中午不再暂停。

2. 栽培设施的灭菌消毒

定植前应对雾化设施和生产线进行彻底消毒灭菌。消毒灭菌的范围：营养液池、进水及回水管道、结薯箱及盖、支撑薯苗用的海绵、避光用的黑膜及栽培、收获时的用具、温室环境等。消毒灭菌的方法：首先消除箱体和营养液池内的残留物，其次将残留在周围环境中的各种可能带病的东西全部清理出保护区外，在营养池内放入清水，开动防腐泵对箱体及流水线进行清洗；最后用0.1%的高锰酸钾溶液喷雾或浸泡30min，定植前2天用甲醛和高锰酸钾熏蒸温室。

3. 营养液的调配与供给

以MS培养基的大量元素为主的营养液，应适当补充微量元素，根据植株的生长阶段，调节营养液的配比。幼苗期用生长营养液、块茎成长期应用结薯营养液，控制营养液渗透势在0.132MPa左右，pH 5.5～6.5。营养液的供应时间长短，应考虑薯苗大小、根系多少、温度高低、光照强弱、昼夜变化及天气的阴晴等因素，既要满足薯苗生长，又要经济合理，避免因无谓消耗所造成的浪费。一般来说，薯苗小、温度低时，供应时间宜短，反之则长；薯苗根系多时，供应时间可相应缩短，反之，则应适当加长。在白天温度18～22℃、夜间14～17℃的情况下，供应间歇时间为白天10min，夜间40～50min。在生长期内一定要保证试管苗根际黑暗，15天更换营养液1次。

出现徒长现象时，应喷施缩节胺、多效唑或B9等矮化剂来控制株高，结薯后期再喷施0.3%～0.5%的磷酸二氢钾，同时喷施1500倍的多效唑，可促使营养往下运输，缩短膨大天数，提高质量、产量，效果较好。

4. 病害防治

晚疫病预防要以预防为主，遇连续阴雨天，空气湿度85%以上时，应及时喷药预防，每隔7～10天防治1次，主要药剂有瑞毒霉、克露、代森锰锌等。发现中心病株及时清除，在其周围喷药防治，可用64%杀毒矾500倍液或克露750倍液喷雾。

5. 收获

微型薯在生长过程中连续膨大，应每4 ~5 天收获1 次，由于采收前处于高湿环境，小薯含水量高且皮孔全部打开，极易感染病菌，因此采收后应立即用750 倍克露或800 倍达科宁浸泡并立即捞出晾晒1 天后再贮藏。

第七章 马铃薯特殊种植方式

第一节　大垄机械化栽培

我国北方一作区传统栽培马铃薯多采用60～70cm的垄作栽培，主要是为了与其他作物的栽培及轮作相配套，但从马铃薯作物生长发育的特点看却是不利的。马铃薯是以营养器官为主产品的无性繁殖作物，形成主产品的过程比较简单，光合产物直接向产品器官转移、贮存，对肥水和光能利用率高，适应不良环境能力强，增产效率高，幅度大。因此，创造最佳条件，满足马铃薯生理要求和生长发育要求，就可以获得优质高产。

大垄栽培是指垄底宽80cm以上、垄顶宽30cm、垄体高25cm的“宽行”垄作栽培方式。此技术是借鉴国外成功经验，结合黑龙江省实际生产情况，根据马铃薯生长发育特点总结出的一项新的栽培技术措施。该模式垄体土壤结构疏松，供肥能力强，有利于根系发育，增加结薯率，并具有透光通风，保墒提墒、抗旱防涝，减轻早、晚疫病的发生等优点，有效提高马铃薯的单产、商品薯产量及品质，单产可提高50%以上，大薯率可提高20%以上，是一种切实可行的高产栽培技术模式。但实施大垄栽培必须建立在土地连片、机械化种植、机械化收获、深翻、深松和整地作业的基础之上；而大型农机具的购进和机耕的组建也应是重点着手考虑的课题。可以说马铃薯大垄综合栽培技术是集优良品种、优质脱毒种薯、合理密度、科学施肥、病害综合防治、田间管理和机械化操作于一体的综合性高产生产技术。

一 选地

选择适合机械作业的连片土地，前茬非茄科作物，土壤疏松肥沃、土层深厚，涝能排水、旱能灌溉，无药害残留，土壤砂质、中性或微酸性的平地与缓坡地块最为适宜。

二 机械准备

马铃薯的机械化生产实质是以机械化种植和机械化收获为主体，配套深耕、深松和中耕培土技术，以达到提高生产效率的目的。

（1）配套动力 机械播种行距受牵引拖拉机轮距限制，如25马力（1马力=735.499W）以下拖拉机轮距一般为130~140cm，只能播65cm、70cm行距。因此，80cm以上的大垄栽培需配备50马力以上的大马力拖拉机。动力选型还要根据播种机、收获机等主要配套农具的规格、型号来匹配，以既满足机械作业需要，又不浪费动力为宜。

（2）马铃薯播种机 根据种植规模，可选用进口或国产马铃薯双行、四行播种机。

（3）田间管理机械 主要有中耕机、施肥机、打药机、喷灌设备、杀秧机等。

（4）马铃薯收获机 根据种植规模，可选用进口或国产马铃薯双行、四行挖掘式收获机或联合收获机进行收获作业。

三 整地

做好秋翻、秋整地工作。对壤土层深厚的地块进行深翻时，深度应达到或超过30cm；对壤土层薄的地块进行深翻时，应挂上深松铲。秋整地的作用是打破犁底层，改善土壤环境的理化状态，准备接纳冬季降水（雪），提高土壤持水量。有条件的地方可以结合秋整地时施有机肥，以减少春季作业压力。撒施基肥

后，要通过耙地或旋耕以使肥料和土壤充分混合，且地面平整，以达到播种机正常开沟、覆土的要求，为保证播种质量创造良好的条件。

四 播前种薯准备

要选用增产潜力大的早代脱毒种薯。根据计划播种密度进行种薯的准备，马铃薯播种机作业速度较快，种薯消耗量大，因此必须计算好每天播种面积和用种量，提前做好准备，以免影响播种作业速度。

春季困种、催芽。种薯应在播期前 20～30 天出窖进行困种催芽，种薯上每个芽眼都出现米粒大小的芽时进行切块为好。机械切块和人工切块均可。黑龙江省主要是用人工切块，注意切刀消毒和切块大小，有条件的地方应进行薯块消毒或小灰拌种，切块应在 2 天内播种。

五 机械播种

播种是马铃薯大垄机械化种植的关键环节，播种质量好能给其他机械作业创造条件，为马铃薯丰产打下基础。

当地温（表土下 10cm 深处）稳定通过 6～7℃时播种较为适宜，机械随播随起垄，垄底宽 80～90cm，高 25～30cm，垄坡度 40°～45°，垄顶宽 30～35cm。下肥（化肥）、下种、覆土、镇压，一次作业完成，防跑墒。株距 18～23cm，早熟品种保苗 6.75 万～7.2 万株/ha 为宜，中晚熟品种 5.7 万～6.45 万株/ha 为宜。力争一次播种保全苗。机械播种的关键技术如下：

（1）播种深度 马铃薯播种深度，不同土质有所区别，一般从薯块顶部到地平面要达到 8cm 为宜。开沟深度直接影响着播种深度，所以调整好开沟器深浅是关键。

（2）行距与株距的调整 确定好种植密度以后，要进行播种机行距的确认，多行播种机各开沟器间距离就是行距；确定株距以后，可通过调整播种机播种齿轮大小调整株距。

（3）覆土厚度 播种之后，覆土器随之覆土做成垄，要求从薯块顶部到垄背顶部覆土15cm以上，而且薯块应在垄背正中间，不能偏垄，若出现偏垄会造成减产。

六 田间管理和病虫害综合防治

田间管理与病虫害的防治同常规栽培模式。需要注意的是，可使用带有施肥箱的中耕机进行中耕培土，随追肥随中耕。中耕机的犁铲、犁铧要调好入土角度、深度和宽度，做到既不伤苗又培土严实，保证培土厚度。

马铃薯生长期间，须及时用农药控制早疫病、晚疫病，第一次用药在马铃薯现蕾期，以后每次用药间隔7~15天。在农药使用中应注意农药的交替使用，以避免产生抗药性。除草剂的喷洒、杀虫剂杀菌剂多次施用、部分化肥农药包括微量元素的叶面喷施等均可以通过打药机来完成。

【提示】打药作业质量要求：用农药剂量准确、喷水量适当、雾滴均匀、叶面着药液均匀、植株上下覆盖基本一致、不漏喷、少重喷。

七 杀秧

为促进薯皮木栓化，减少植株上新感染的病毒进入块茎，以及便于机械收获，在收获前要用杀秧机把秧打碎。将杀秧机调到打下垄顶表土2~3cm，以不伤马铃薯块茎为原则，尽量放低，把地表面的秧和表土层打碎，有利于机械收获。

八 机械收获

北方地区一般在8月下旬~9月上中旬，遇天气晴好，地面干燥时，即可及时组织收获。目前黑龙江省大多数农场使用的马铃薯收获机都属于挖掘式收获机。挖掘式收获机是将垄内薯块翻出经薯土分离后，摆到地面再由人工捡拾。采用机械收获的关键方法如下：

（1）收获机进地前要调整好犁铲入土的深浅 入土浅了易伤

薯块，还收不干净；入土太深则浪费动力，薯土也分离不好，易丢薯。

（2）调整好抖动筛的速度 调整好抖动筛的速度以保证薯土分离良好并且不丢薯。如果土壤湿度大，收获机可以慢走，使薯土分离开来，不然薯块容易落到土里被埋上。

（3）配好捡薯人员 确保收获干净，并根据人工捡拾的速度掌握收获进度。

第二节 地膜覆盖技术

地膜覆盖是各作物利用最广的保护栽培技术，塑料薄膜在农业上的使用被人们称为“白色革命”，可见其应用的重要性。在城市郊区、工矿区及交通运输便利并有销售市场的地方，采用塑料薄膜覆盖种植马铃薯，可增温保温、保墒保肥，有利于土壤中微生物的活动，促使早生快发，不仅可以使马铃薯提前成熟早上市，增加效益，还能增加产量，提高大薯率，一般可增产20%～70%，大薯率提高25%左右。

一 选地整地

（1）选地要求 地势平坦的缓坡地，坡度在5°～10°之间；土层深厚，土质疏松，最好是轻沙壤土，保肥水能力强；有水源并且排灌方便；肥力中等以上。不可选陡坡地、石砾地、沙窠地、瘠薄地和涝洼地。

（2）整地要求 深翻20～25cm且深浅一致的基础上，细整细耙，使土壤达到深、松、平、净的要求。具体做到平整无墒沟，土碎无大土块，干净无石块，无茬子，无杂物，墒情好。必要时，可以先灌水增墒，然后整地。

二 按配方施肥技术施肥施农药

覆膜种植马铃薯，追肥条件受到限制，因此在盖膜前要一次施足底肥和种肥。马铃薯覆膜以后，地温增高，有机质分解能力增强，植株生长旺盛，消耗养分多，因此肥料要以农家肥为主，可以每亩用腐熟农家肥1500kg，再补充化肥氮、磷、钾及微量元素，可施氮、磷、钾各为15%的三元素复合肥30～40kg，或马铃薯专用化肥50kg。但适当减少氮肥做种肥的用量，防止徒长倒伏。集中施于播种沟内活土层上，覆盖一层细土与种薯相隔离。为防治地下害虫，每亩可施呋喃丹1.5～2kg。

三 适时播种

整好地后做床，床面底宽80cm，上宽70～75cm，床高10～15cm，两床之间距离40cm。一床加一沟为一带，一带宽1.2m。先播种后覆膜，株距22～25cm。播种后用耙子搂好床面，做好床肩，使床面平、细、净，中间稍高，呈平脊形。床肩要平，高矮一致，以便喷洒除草剂和盖膜。有的地区是先覆膜，后播种。

总的来说，覆膜种植马铃薯的连贯作业程序有两种：

第一种是：深翻→耙耢整地→开沟→施入肥料、杀虫剂→播种→封沟搂平床面→喷洒除草剂→铺膜压严。

第二种是：深翻→耙耢整地→开沟→施入肥料、杀虫剂→封沟搂平床面→喷洒除草剂→铺膜压严→破膜挖坑→播种→湿土封严膜孔。

四 田间管理

1. 引苗

不论是先播种后覆膜还是先覆膜后播种，都必须进行引苗。引苗有两种做法：

（1）压土引苗 即薯芽在土中生长至5～6cm时，从床沟中取土，覆在播种沟上5～6cm厚，轻拍形成顺垄土梗，靠薯苗顶力破膜出苗。

（2）破膜引苗 当幼苗拱土时，及时用小铲或利器，在对准幼苗的地方，将膜割一个“T”字形口子，把苗引出膜外，用湿土封住膜口。

2. 检查覆膜

覆膜马铃薯一般10～15天出苗，在生长过程中，要经常检查覆膜，防止大风扯膜，出苗到现蕾保持膜面整洁完好。如果覆膜被风揭开，被磨出裂口或被牲畜践踏，要及时用土压住（图7-1）。

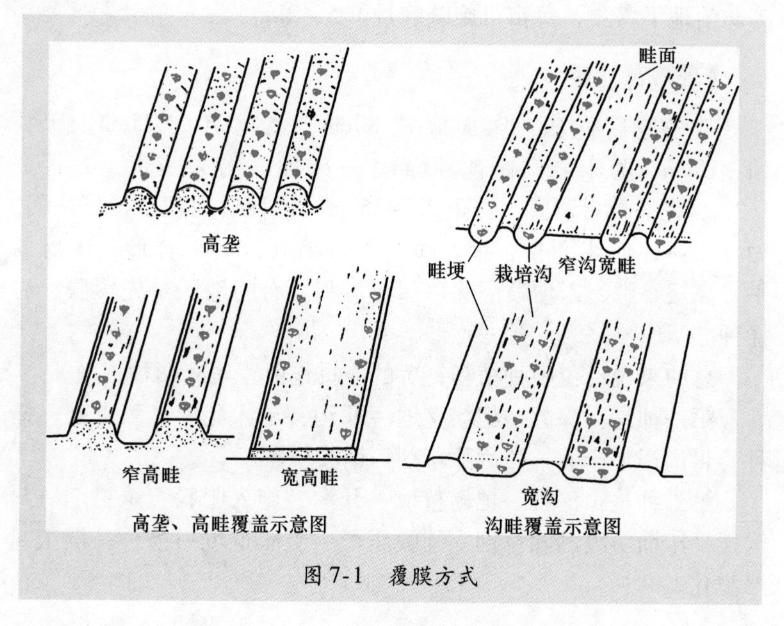

图7-1　覆膜方式

3. 灌水

覆膜可减少用水量1/3，灌水则必须灌透，以截水润透垄体为宜。不要小水勤浇，以免造成板结现象。

4. 喷药

在生长后期，与传统种植一样，要及时打药防治晚疫病，防治地下害虫地老虎等应结合覆膜前整地作业，在耕地时将相应药剂均匀撒入播种沟内。

5. 后期上土

在薯块膨大时，注意上土，防止出现青头，影响质量。

小知识：

第一，掌握好播种期。覆膜种植比传统种植出苗快，一般可提早7天左右。所以播种时间要尽量使出苗赶到晚霜之后，在北方尤其注意不能播得太早。

第二，覆膜种植时，种薯最好要经过催芽或困种，使种薯幼芽萌动后再播种。

第三，覆膜种植的种薯芽块要大，以每块达到40~50g为最好。也可用小整薯播种，这样可以使单株生长旺盛，更好地发挥增产潜力。

第三节　间作套种技术

由于马铃薯具有植株矮小、生育期短、喜冷凉、块茎在地下生长及须根系的特点，因而与高秆作物玉米等套作优势明显。主要表现在以下几个方面：

第一，高矮套种，充分利用时间和空间，提高对土地、光能利用率，增大两者的边际效益。

第二，马铃薯与禾谷类作物对营养的需求不同。例如，马铃薯需钾较多，而玉米需氮较多；马铃薯浅根与玉米深根搭配，既可吸收土壤浅层养分，又可吸收土壤深层养分，从而可使土壤中各层次各种类的养分得到充分利用。

第三，马铃薯喜冷凉，在生育后期，高秆的玉米可以适当遮阴，形成凉爽的小气候，有利于块茎膨大。

第四，可减轻病虫害。不同类型作物间套作隔离种植，可以对病菌侵染起到阻碍作用。

总之，我国农民在生产实践中利用这些优势，创造出了多种多样的马铃薯与其他作物的间、套种形式，在充分利用土地、增

加复种面积，提高产量和产值，提高经济效益等方面，起了很重要的作用。

一 马铃薯与玉米2:2间套种

目前许多地方的实践表明，马铃薯和玉米以2:2间套作最合理，也最成功。

北方大多数的做法是将马铃薯、玉米同时在4月下旬播种，属于间种。马铃薯选择早熟品种。生长前期，玉米和马铃薯生长高度差不多，接受光线互不影响。后期玉米长高了，而马铃薯正需要温差大的生长条件。当马铃薯收获后，又为玉米提供了通风透光的良好空间。一般是1.8m宽一带。两行玉米之间的距离为50cm，两行马铃薯之间的距离为60cm，马铃薯和玉米之间的距离为35cm。

西南地区、中原地区及东部沿海地区由于在春马铃薯收获以后还可以复种一季秋红薯或秋荞、秋马铃薯、蔬菜等晚秋作物，因此在3月上旬先播种马铃薯，给玉米留垄，4月或5月上旬左右播种玉米，属于套种。西南山区不少地方采用单行马铃薯单行玉米套种。这种套种方式存在着马铃薯与玉米地上争光，地下争肥的尖锐矛盾，特别是马铃薯先播种先出苗，到玉米苗期，马铃薯对玉米形成了荫蔽，不利于玉米的生长。而2:2套种模式中玉米、马铃薯距离较远，减轻了这种荫蔽程度，行间通风透光条件得到改善。中国南方马铃薯中心研究结果表明，采用1.67m的宽行，播种2行马铃薯（马铃薯窄行距40cm，株距30~33cm，2400~2600株/亩），2行玉米（玉米窄行距40cm，株距25cm），实行宽窄双行套种为最佳套种模式。主要技术如下：

1. 品种的选择

除了抗病、高产、优质这些对农作物品种的共同要求之外，马铃薯品种还要具备早熟性、植株矮小、株型直立紧凑，封垄晚，结薯集中的特点，特别是对于套种，尽量减少马铃薯对玉米苗期的荫蔽程度，收获马铃薯时不会损伤玉米根系。套种中，要求玉米品种耐荫蔽，后劲足，一般地区要求中晚熟；高海拔地区由于无霜期短，则要求熟期偏早、竖叶型的大穗品种。

2. 选地整地

地块需选择土壤熟化程度高、肥沃、土层深厚、排灌方便、前茬未种过茄科作物的沙壤土或壤土地块。最好在种植前要做好统一规划，集中连片种植。

3. 适时播种

在干旱的年份和季节种植马铃薯可以采取地膜覆盖栽培。种薯的其他处理参见第三章相关部分。

4. 田间管理及病虫害的防治

马铃薯的田间管理及病虫害的防治同常规栽培模式，即施足底肥、及早追肥。玉米每亩施有机肥1000～1500kg、尿素6kg、普钙30～40kg、硫酸钾5kg或玉米专用肥40kg作为底肥。玉米生长到7～8叶期追施尿素10kg，同时做好中耕除草的工作，在大喇叭口期再追施尿素20kg，并进行培土。病虫害方面重点注意马铃薯晚疫病、玉米大小斑病及蚜虫、玉米螟等病虫的防治，为此可根据当地植保部门简报，及时进行连片防治。

5. 灌水

在马铃薯块茎膨大期和玉米抽雄期要保证水分供应。雨水较多的地区，要挖好排水沟，做到前期能灌、后期能排。马铃薯块茎形成期要及时培土形成高垄，玉米大喇叭口期结合中耕除草进行培土防止倒伏。

6. 地膜覆盖

马铃薯覆膜有增温、保温、保墒、保肥的作用，有利于土壤中微生物的活动，可促使早生快发，早结薯，提早成熟，减轻病虫害，增产效果显著。为了节约地膜覆盖投资，也可采用一膜两用的办法，即用地膜先覆盖春马铃薯（不能破膜），马铃薯出苗播种玉米时，再将地膜覆盖玉米，达到了降低成本，双增产的目的。

近年来，在云南也采取了4行马铃薯套种4行玉米（4:4）

等一些其他的马铃薯玉米间作套种模式。这种模式在秋马铃薯中应用较多，还有烟后秋马铃薯种植技术推广面积也比较大。

二 其他间套种方式

1. 玉米或烤烟地上套种秋马铃薯

在玉米或烤烟的行间套种马铃薯，采用单垄双行种植或梅花形种植。秋马铃薯的播种时期为玉米籽粒乳熟后期和烤烟采摘到中上部叶片时（7月中下旬~8月上旬），播种过迟易遭受霜冻危害而减产，播种过早易影响前、后作的生长和管理。

2. 薯棉间套种形式

薯棉间套种在黄淮地区发展得很快，因为这种种法既保证了棉花的种植面积，又增加了农民的收入。农民对这一种植形式非常欢迎，他们称赞薯棉间套种“棉花不少收，土豆有赚头”。还有一种做法是1.6m宽为一带，同样按2:2间套种。马铃薯催大芽后在3月初播种，先播成大、小两种垄距，小垄距为50cm，大垄距为110cm（也可以盖上地膜），其株距为17cm左右，每亩种4800株。4月中旬播种棉花，播在马铃薯大垄间，距马铃薯垄30cm，两行棉花间垄距50cm，株距24~30cm，每亩种2700~3400株。

（1）一垄棉花与两垄马铃薯套种 即马铃薯棉花2:1间套种，1.2m一带。马铃薯选择早熟品种费乌瑞它、早大白等，于3月初催芽播种。两垄马铃薯间距50cm，与棉花垄间距35cm，使马铃薯形成行距50cm和70cm的两种规格。其株距为22cm，每亩种5000株。棉花采取育苗移栽的办法，在4月初育苗，5月初移栽定植，栽在马铃薯大垄中间，使棉花行距为1.2m。其株距为30cm左右，每亩栽1800株。6月中下旬收获马铃薯后，棉花的生长空间和营养面积增大，非常有利于生长。另外，也可按带宽1.3m的规格进行薯棉的间套种。

（2）两垄棉花与两垄马铃薯间套种 即马铃薯棉花2:2间套种。马铃薯两垄间距60cm，与棉花垄间距离40cm，棉花两垄之间距40cm，形成1.8m宽的一带。马铃薯和棉花的株距都是20cm，亩种植3700棵。一般播种马铃薯要比播种棉花早30天左右，待马铃薯出齐苗后再播棉花。行株距可根据马铃薯及棉花品种进行适当调整。

还有一种做法是1.6m宽为一带，同样按2:2间套种。马铃薯催大芽后在3月初播种，先播成大、小两种垄距，小垄距为50cm，大垄距为110cm（也可以盖上地膜），其株距为17cm左右，每亩种4800株。4月中旬播种棉花，播在马铃薯大距垄间，距马铃薯垄30cm，两行棉花间垄距50cm，株距24~30cm，每亩种2700~3400株。

3. 薯菜间套种形式

在以蔬菜种植为主的地方，许多农民利用马铃薯早熟喜低温的特点，与喜低温的蔬菜进行间套种，以充分利用地力和无霜期。他们创造了多式多样的间套复种形式，种成了一年三收、四收甚至五收等模式，产量和效益都非常可观。如马铃薯与生长期较长的爬蔓瓜类间套种，与生长期长的茎直立的茄科蔬菜间套种，与耐寒又速生的叶菜类间套种，与耐寒生长期长的其他蔬菜间套种等。

第四节　稻草覆盖免耕栽培

马铃薯稻草覆盖免耕栽培技术是指在水稻收获后，稻田未经翻耕犁耙，直接开沟成畦，将薯种摆放在土面上，并用稻草全程覆盖，配合适当的施肥与管理措施，直至收获的一项轻型马铃薯省工节本、高产高效栽培技术。稻草覆盖技术主要有以下几个优点：

第一，操作方便、省工节本，它改“种薯”为“摆薯”，改“挖薯”为“捡薯”，整个过程“摆一摆，盖一盖，拣一拣”，省去了翻耕整地、挖穴下种、中耕除草和挖薯收获等诸多工序。

第二，生产出来的马铃薯圆整、表皮光滑、商品性好，产

量高。

第三，通过稻薯水旱轮作，秸秆还田，有利于改善土壤结构，提高土壤肥力，实现稻草资源的综合利用。

第四，稻草覆盖后杂草少，病虫少，可以降低农药、化肥和化学除草剂的用量，有利于改良生态环境。

免耕马铃薯要获得成功，必须掌握好以下关键技术措施：

一 选地备种

马铃薯稻草覆盖免耕栽培适宜在没有霜冻或霜冻很轻的区域推广应用，有霜冻的地方要通过调整播种期避开霜冻危害。应选择涝能排、旱能灌、中等肥力以上的稻田进行免耕种植，切忌在涝洼地种植。

根据当地气候条件和市场的需求，选择生育期适中，适销对路的高产、优质、抗病品种，并且是休眠期已过的优质脱毒一级、二级种薯，避免使用带毒、带病种薯和商品薯作种。种薯的准备具体参见本书第三章的相关内容。

二 种植方法

在水稻收割前10～15天要提前排干田水，以田泥湿润但脚踩不陷为宜。种植时要起畦，利于排灌和管理。免耕马铃薯种植方法有以下两种：

（1）大畦种植 先用机耕或畜力犁松排灌沟。按沟宽30cm，沟深15cm，畦面宽150cm的规格，每畦种植4行，宽窄行种植，中间为宽行，大行距40cm，两边为窄行，小行距30cm，株距25cm左右，畦边各留25cm。按“品”字形摆种，每亩种植6000株左右。将种薯摆放在土面上，芽眼向下或者侧向贴近土面，施肥后用排灌沟的细土盖种、盖肥，然后均匀地盖上8～10cm厚的稻草。排灌沟其他的泥土均匀撒放在稻草面上，避免漏光和大风吹走稻草。

（2）小畦种植 同样先用机耕或畜力犁松排灌沟。按沟宽30cm，沟深20cm，畦面宽70cm的规格，每畦播2行，行距

30cm，株距25cm左右，畦边各留20cm。按“品”字形摆种，每亩种植5000～5500株。将种薯摆放在土面上。芽眼向下或者侧向贴近土面并用排灌沟细土覆盖，施肥后均匀地盖上5cm左右厚的稻草，然后清沟覆土，沟土覆盖在稻草上，盖土厚度5cm左右。

三 施足底肥，根外追肥

播种时必须一次性施足底（基）肥，增施磷钾肥，一般每亩施腐熟农家肥料1500～2000kg，三元复合肥50～75kg，农家肥与化肥拌匀。摆种后将肥料施入两个种薯中间，种薯与肥料间距5～8cm，以免间隔太近引起烂种缺苗。

四 覆盖稻草

摆种施肥后，立即用稻草覆盖整个畦面，尽量均匀、整齐、压实，采用与畦面呈垂直方向双向覆盖，稻草尾部朝畦内，基部摆在畦的两侧，平铺稻草，厚度以8～10cm为宜，每亩需稻草1000kg。要求不露土面，沿海地区，为防止稻草被风吹走，可在畦旁两边稻草上按一定距离压些土块即可。稻草覆盖过厚，不但出苗缓慢，而且茎细长软弱，稻草过薄，达不到增温效果，且容易因漏光面而使绿薯率增加，甚至不结薯。如果稻草铺得不匀则出苗不齐；如果稻草交错缠绕，会出现“卡苗”现象。

稻草覆盖后，宜灌一次跑马水，即全田畦沟灌水2/3后，要立即排水，注意田水不要漫过畦面，田水停留不要超过12h。或者可以浇水湿润土壤和稻草。畦沟要清洁平整，挖好排水沟和出水口，防止降雨积水。

五 田间管理

1. 扒苗

稻草覆盖马铃薯出苗时间比传统方法稍迟，且出苗整齐度较差，出苗率低，因此要加强检查，对“白苗”和出苗慢，以及稻草不整齐出现“卡苗”时，需人工用手扒开稻草拉出薯苗。补苗时需从茎数较多的穴内取苗，补栽时挖穴要深并用水浇透，去掉

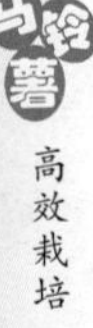

下部叶，仅留顶稍 2～3 片叶后或浸生根剂插下，气温高时，可用树枝遮阳保湿以利于生根成活。

2. 灌水

冬作区秋冬季一般降水少，土壤易干旱，因免耕栽培种薯摆放在浅层，旱情比传统栽培法更严重，在苗期遇干旱时，根不伸长，芽短缩，不能出土，导致出苗期延迟，延误后作生长季节。在生长期，干旱严重的田块，茎叶纤细，植株矮小时就结薯，导致薯块小，商品薯率低。免耕务必要根据马铃薯各时期的需水规律，加强水分管理。一般要求是播种后发芽期应保持种薯下面土壤湿润，上面土壤干爽，保证适时出苗，以土壤含水量达到田间最大持水量 65% 为宜，若遇干旱要及时灌水或浇水，生长中期，保持田间湿润，土壤含水量达到田间最大持水量的 85% 为宜，此时遇干旱宜灌 1～2 次“跑马水”；生长后期稻草开始腐烂，保水性增强，遇到连绵阴雨天气要注意排水，防止渍水和贴近土面的稻草湿度过大，否则影响薯苗生长，块茎也容易腐烂。

六 防治病虫害

马铃薯后期采用稻草覆盖，田间湿度大，在降雨量偏多的气候条件下，应特别注意防治晚疫病。地老虎等地下害虫均可能发生并为害，也应抓紧防治。

七 防霜冻害

正常年份冬种马铃薯可安全越冬，受低温霜冻危害的机会不大，但个别年份在 1 月份前后会遇到低温霜冻的危害，尤其免耕的畦面大，受冻比窄垄（畦）更严重，因而免耕栽培更应做好防低温冷害的准备。

八 及时采收

当茎叶由绿逐渐变黄转枯，匍匐茎与块茎容易脱落，块茎表皮韧性大、皮层厚、色泽正常时，即可收获。收获时掀开稻草即可捡薯，入土的部分薯块用木棍或竹签就可挖出，稍为晾晒后拣薯装筐运走，防止雨淋和日光暴晒，以免薯块腐烂和薯皮变绿，确保产品质量好，卖得好价钱。

此技术最适合的地区是冬季温度和光照资源较充足的南方稻作区如广东、广西、福建等省份，推广面积还有继续扩大的趋势。但这一技术同时存在以下三个弊端：一是稻草用量大，一般种 1ha 马铃薯需要 3ha 以上稻田的稻草，增加了购草及搬运等成本；二是覆盖厚度难以掌握，太厚则影响出苗，太薄则造成薯块外露变绿，且稻草在生育后期易被大风刮跑；三是播种期对天气情况要求较高，如播后干旱少雨，则种薯水分会被稻草吸收而出苗不齐或缺株。针对以上缺点，目前正在推广稻草包芯等稻田轻简化栽培技术：改播前开沟为播后开沟；改稻草全畦覆盖为播种行条状覆盖；改稻草单一覆盖为稻草地膜双重覆盖；改播后立即覆膜为适当推迟覆膜。经过改良的马铃薯免耕覆草栽培技术在保留了原有技术省工高产等诸多优点的前提下，减少了稻草用量，进一步提高了产量，更好地发挥了该技术的省工节本和高产高效优势，有利于促进该技术的推广和应用。

第八章

有机马铃薯栽培技术

第一节 有机食品

一 有机农业及有机产品的含义

有机农业是指遵照一定的有机农业生产标准，在生产中不采用基因工程获得的生物及其产物，不使用化学合成的农药、化肥、生长调节剂、饲料添加剂等物质，遵循自然规律和生态学原理，协调种植业和养殖业的平衡，采用一系列可持续发展的农业技术以维持持续稳定的农业生产体系的一种农业生产方式。

有机产品是来自于有机农业生产体系，根据有机产品标准规范生产加工，并经独立的认证机构检查、认证的农产品及其加工产品（图8-1）。

a) 有机产品认证标志　　b) 有机转换产品认证标志

图8-1　中国有机产品认证标志

我们确定一个产品是否是有机产品，要看该产品是否具备以下四个条件：第一，原料必需来自已经建立或正在建立的有机农业生产体系，或采用有机方式采集的野生天然产品；第二，产品在整个生产过程中必须严格遵循有机产品的加工、包装、贮藏、运输等要求；第三，生产者在有机产品的生产和流通过程中，有完善的跟踪审查体系和完整的生产和销售的档案记录；第四，必须通过合法的、独立的有机产品认证机构的认证。

二 无公害食品、绿色食品和有机食品的区别

我国目前在市场上推广的安全农业食品有三种：无公害食品、绿色食品和有机食品。前两种食品是为了适应我国消费者对安全食品的基本需求而发展起来的，是我国特有的。有机农业食品则是一种由发达国家首先兴起，得到国际社会普遍公认，近年来在国际市场上迅速发展的安全健康食品。到目前为止，有机食品是世界上要求最为严格的安全健康食品。

有机食品是来自于有机生产体系，根据有机认证标准生产、加工，并经具有资质的独立的认证机构认证的一切农副产品，如粮食、蔬菜、水果、奶制品、畜禽产品、水产品、蜂产品及调料等。在生产中不采用基因工程获得的生物及其产物，不使用化学合成的农药、化肥、生长调节剂、饲料添加剂等物质，遵循自然规律和生态学原理进行生产，是一类真正源于自然、富营养、高品质的环保型安全食品。我国有机食品的认证依据是有机产品国家标准 GB/T 19630—2011。认证的主体是经过国家认证认可监督管理委员会批准的、具有独立法人资格的认证机构。

绿色食品是指遵循可持续发展原则，按照特定生产方式生产，经专门机构认定，许可使用绿色食品标志商标的无污染的安全、优质、营养类食品。通过产前、产中、产后的全程技术标准和环境、产品一体化的跟踪监测，严格限制化学物质的使用，保障食品和环境的安全，促进可持续发展。并采用证明商标的管理方式，规范市场秩序。绿色食品认证由中国绿色食品发展中心和

其委托的各省市绿色食品办公室完成。

无公害食品是指产地环境、生产过程和产品质量符合国家有关标准和规范的要求，经认证合格获得认证证书并允许使用无公害农产品标志的未经加工或者初加工的食用农产品。主要由农业部农产品质量安全中心和各省级农业行政主管部门实施认证，是政府为保证广大人民群众饮食健康的一道基本安全线。

总体上讲，无公害农产品、绿色食品和有机食品既有联系，又有区别。三者都属于安全农产品范畴，是农产品质量安全工作的重要内容。无公害农产品突出安全因素控制，绿色食品既突出安全因素控制，又强调产品优质与营养。无公害农产品是绿色食品发展的基础，绿色食品是在无公害农产品基础上的进一步提高。有机食品注重对影响生态环境因素的控制。三者相互衔接，互为补充，各有侧重，共同发展。这种认证结构和发展模式，既适应了我国农业发展水平和农产品质量安全状况，也满足了不同消费类型和层次的市场选择，是农产品质量安全认证发展的客观必然。

(1) 从投入品方面看 无公害农产品杜绝了高毒高残留农、兽药的使用；绿色食品除杜绝了高毒高残留农药的使用外，按照绿色食品农药、肥料、饲料、兽药使用准则的要求限品种、限量、限时间使用化学合成品；有机食品杜绝使用化学合成品。

(2) 从最终产品的农药残留看 无公害农产品符合国家标准的要求；绿色食品农残综合限值达到欧盟国家要求标准；有机食品农残限值比国家标准相应限值低20倍。

(3) 从对环境的贡献看 根据无公害农产品、绿色食品、有机食品生产过程对环境的要求以及生产过程对环境改善的影响，无公害农产品生产对环境贡献最小；绿色食品由于强调来自于优良生态环境对环境贡献较大；有机食品因为强调对生态环境的建设对环境贡献最大。

三 有机农业生产方式

有机农业的本质是“尊重自然，顺应自然规律，与自然秩序相和谐”。有机种植业的生产方式主要具备以下特点：

1）选用抗性作物品种，利用间套作技术，保持基因和生物多样性，创造有利于天敌繁殖而不利于害虫生长的环境。

2）禁止使用转基因产物及技术。

3）建立包括豆科植物在内的作物轮作体系，利用秸秆还田，施用绿肥和动物粪便等措施培肥土壤保持养分循环，保持农业的可持续性。

4）采取物理的和生物的措施防治病虫草害，将对环境和食品安全的影响降到最低。

5）采用合理的耕种措施，保护环境防止水土流失。

第二节 有机马铃薯栽培技术

一 选地、选茬

选择生态环境良好，周围无污染，符合有机农业生产条件的地块。首选通过有机认证或有机认证转换期的地块；其次选择经3年休闲的地块或新开荒的地块开始从事有机生产。选地之后应对有机生产区域受到邻近常规生产区域污染的风险进行分析。在存在风险的情况下，则应在有机和常规生产区域之间设置有效的缓冲带或物理屏障，以防止有机生产地块受到污染。有机农业生产田与未实施有机管理的土地（包括传统农业生产田）之间必须设宽度至少8m以上的缓冲带。缓冲带的宽度应视污染源的强弱、远近、风向等因素而定。缓冲带可以是一片耕地、一条沟或路、一片丛林或树林，也可以是一片荒地或草地等。物理屏障可以是一堵墙、一个陡坎或一座建筑等，总之要起到有效的隔离作用。缓冲带上种植的作物要按有机方式种植和管理，品种不可以与申请认证的作物相同。缓冲带的作物只能作为常规产品处理。

小知识：　　　　　　缓　冲　带

在有机和常规地块之间有目的设置的、可明确界定的用来限制或阻挡邻近田块的禁用物质漂移过来的过渡区域。

土壤类型以壤土或轻沙壤土为好，土壤要求达到通透性良好、排灌方便、疏松，pH 为 5.6 ~ 7.0。茬口为燕麦、小麦等，不重茬，立土晒垡。有机马铃薯基地应建立合理的轮作制度。

二 整地

秋季深耕或春季深耕，深耕 20 ~ 30cm；整平耙细；及时进行耙耱镇压保墒。

三 施肥

1. 有机马铃薯生产施肥原则

在有机马铃薯生产中，允许使用的肥料种类有：①按有机农业生产标准要求，经高温发酵无害化处理后的农家肥，如堆肥、厩肥、沼肥、作物秸秆、泥肥、饼肥等；②生物菌肥，如腐殖酸类肥料、根瘤菌肥料、复合微生物肥料等；③绿肥，如草木樨、紫云英、紫花苜蓿等；④腐熟的蘑菇培养废料和蚯蚓培养基质；⑤矿物质肥，包括钾矿粉、磷矿粉、氯化钙等物质。另外还包括通过了有机认证机构认证的有机专用肥和部分微生物肥料等。

叶面施用的肥料有腐殖酸肥、微生物菌肥及其他生物叶面专用肥等。

有机马铃薯生产中不允许使用化学合成的肥料，不允许使用人粪尿。

2. 具体施肥方法

马铃薯是喜肥作物，要施足基肥。肥料种类以发酵腐熟好的农家粪肥为好，也可以施用绿肥、秸秆堆肥等有机肥料。这些肥料必须经过高温发酵。一般堆制农家粪肥时要求碳氮比为

(25～40)∶1。堆积的农家粪肥在发酵腐熟过程中，至少连续15天以上保持堆内温度达到55～70℃。在发酵过程中，翻动3～5次。最好能在堆肥中多加入一些含钾较多的作物秸秆，如向日葵秸秆或草木灰等，以满足马铃薯对钾肥的需求。上述粪肥原则上来源于本种植生态圈内。施上述发酵好的农家肥施入量可根据土壤肥力因地制宜的施用，一般用量为60000kg/ha，多作为基肥，采用条施，整地时施入。

四 选种

在选择品种上禁止使用转基因品种。有机农业生产所使用的农作物种子原则上来源于有机农业体系。有机农业初始阶段，在有足够的证据证明当地没有所需的有机农作物种子时，可以使用未经有机农业生产禁用物质处理的传统农业生产的种子。马铃薯的种薯必须依据不同用途和当地栽培条件选用脱毒种薯。脱毒种薯是应用茎尖组织培养技术繁育马铃薯脱毒苗，经逐代繁育增加种薯数量的种薯生产体系生产出来的用于生产商品薯的种薯。种薯质量应符合GB 18133—2000的有关规定。

五 种薯处理

要进行催芽晒种，播种前20天，将种薯置于18～20℃的条件催芽12天，晒种8天。薯堆不高于0.5m，及时翻堆，同时剔除病薯及畸形薯。播前，种薯切块，纵切，切块重30～35g。切块后，用草木灰拌种，使切口黏附均匀，禁止使用化学物质和有机农业生产中禁用物质处理种薯、薯块。

六 播种

当土壤10cm的地温稳定达到7～8℃时为适宜马铃薯的适宜播期。播种方法可根据条件进行机播或穴播，覆土、镇压连续作业。一般播种密度为5.7万～6.6万株/ha。栽培密度应依据品种的植株繁茂及结薯习性予以适当调整。行距一般为60～70cm，株

距 25cm。覆土厚度 10cm 左右。播后及时镇压保墒。

七 田间管理

马铃薯苗高 5～10cm 时第一次中耕，培土 5cm。封垄前完成第二次中耕，培土 8cm。现蕾期拔草一次。若持续干旱，应及时浇灌。灌溉水应符合 GB 5084 的要求。全部生产过程中严格禁止使用化学除草剂除草；严格禁止使用化学杀菌剂、化学杀虫剂防治病虫害；禁止使用基因工程产品防治病虫草害。

八 病虫害防治

1. 病虫害防治的基本原则

有机马铃薯生产病虫害防治的基本原则是，遵循“预防为主，综合治理”，在有机生产中禁止使用人工合成的除草剂、杀菌剂、杀虫剂、植物生长调节剂和其他农药，禁止使用基因工程或其产物。应从生态系统出发，以作物为核心，综合应用各种农业的、生物的、物理的防治措施，创造不利于病虫草滋生和有利于各类自然天敌繁衍的生态环境，保证农业生态系统的平衡和生物多样化，减少各类病虫草害所造成的损失，达到持续、稳定增产的目的。

病虫害控制的方法包括植物检疫、农业防治措施、物理防治措施、生物防治措施和药剂防治措施等。

（1）植物检疫 属于法规管理，通过法律法规禁止外来有害生物进入我国或从一个地区进入另一个地区。

（2）农业防治措施 包括种子消毒、清洁田园、合理灌水、合理施肥、合理轮作和间作等措施控制病虫草害。

（3）物理防治措施 通过物理隔离和机械阻挡抑制病虫草害，主要措施包括果实套袋、防虫网等。

（4）生物防治措施 包括天敌的保护、繁殖和释放，重点是天敌的保护和利用，必要时可以购买商品化的天敌如赤眼蜂、捕食螨等。

（5）药剂防治措施 当上述措施无法控制病虫草害时，可以使用有机标准附录中允许使用的物质，使用时必须遵守国家农药使用准则。

2. 部分病虫害的具体防治

（1）晚疫病防治

1）选用抗病品种。

2）播前严格淘汰病薯，只要种薯不带病，田间就不会首先出现病株。

3）做好病情测报工作，及时发现中心病株。一般选择低洼潮湿、生长旺盛、成熟较早的感病品种田，从植株开始现蕾时进行调查封锁和消灭中心病株是大田防治的关键。

4）合理密植，高垄大垄，厚培土。高垄栽培既有利于块茎生长与增产，又有利于田间通风透光、降低小气候湿度，进而创造不利于病害发生的环境条件，抑制病害发生。田间晚疫病孢子侵入块茎，主要是通过雨水或灌水把植株上落下的病菌孢子随水带到块茎上造成的，注意加厚培土，使病菌不易进入土壤深处，以减少块茎发病率。

（2）早疫病防治

1）早疫病发生较重的地区种植抗病品种。

2）加强田间栽培管理。选择土壤肥沃、地势高、干燥的地块种植，实行轮作倒茬，增施有机肥。在生长季节及时灌溉和追肥，增施氮肥和钾肥，提高植株抗病能力。清理田间残株败叶，减少初侵染来源。

3）合理贮运。收获充分成熟的薯块，尽量减少收获和运输中的损伤，病薯不入窖，贮藏温度4℃为宜，不可高于10℃，并且注意通风换气，播种时剔除病薯。

（3）蚜虫及病毒病防治

1）限制使用5%鱼藤酮乳油200倍液喷雾。

2）每公顷喷施经过有机认证的0.65%茴蒿素水剂3000mL，兑水900～1200L。

3）取适量鲜垂柳叶，捣烂加3倍水，浸1天或煮0.5h，过

滤后喷施滤出的汁液。

4）取新鲜韭菜1kg，加少量水后捣烂，榨取菜汁液。用每千克原汁液兑水6～8kg喷雾。

5）取洋葱皮与水按1∶2比例浸泡24h，过滤后取汁液稍加水稀释喷施。

第九章 马铃薯高效栽培实例

实例一 马铃薯茎尖脱毒

一 脱毒块茎的选择

在马铃薯盛花期，田间选取植株生长健壮、无病毒侵害症状的植株挂牌，秋季提前收获挂牌植株，选取产量高、商品薯率高的单株，挑选薯型规则、无机械和病虫害损伤的块茎作为茎尖剥离的材料。

二 类病毒（PSTVd）检测

块茎度过休眠期，催壮芽即可进行茎尖剥离培养。由于类病毒不能通过茎尖组织培养脱除，在剥取茎尖前对入选块茎进行类病毒检查，确保无类病毒的块茎才可以作为脱毒材料。类病毒检测方法有往复聚丙烯酰胺凝胶电泳（R-PAGE）和反转录聚合酶链式反应（RT-PCR）。

三 取芽与消毒

先将渡过休眠期的块茎放在室内散射光下催壮芽。待芽长2～3cm，且未充分展叶时，剪取1cm左右的嫩芽，并剥去外层较大叶片。首先用纱布包裹嫩芽，放在自来水下冲洗30min，然后在超净工作台上用70%酒精振荡冲洗30s左右，再用0.1%升汞

($HgCl_2$) 消毒5～10min，最后用无菌水冲洗材料4～5次。

四 茎尖剥离

在超净工作台上，将消过毒的芽置于40倍的解剖镜下，解剖镜台应垫上灭过菌的滤纸，每剥离一个茎尖换一片滤纸。用解剖刀剥去外部叶片，直到闪亮半球形生长点充分暴露后，切下带有1～2个叶原基的茎尖生长点，接种到茎尖脱毒培养基上（MS+200mg/L 6-BA+150mg/L NAA+150mg/L IAA）。剥取茎尖时一定要细心，刀尖不能伤及生长点。每个培养瓶只接种1个茎尖，将培养瓶封口并用绳系好，最后在培养瓶上编号，以便成苗后检查。

五 培养和病毒鉴定

接种后材料放置于培养室中，温度25℃ ±2℃，光照度3000lx，每日光照16h条件下培养。30～40天即可看到茎尖明显长大，此时可将茎尖转到无生长调节剂的MS培养基上继续培养，2～4个月后，发育成4～5叶片的小植株，就可以按单节切段扩大繁殖，经过20～30天后再按单节切段，分别接种于3个三角瓶中，成苗后其中两瓶用于病毒检测，利用免疫吸附试验法（ELISA）进行检查，结果为阴性时，保留的一瓶用于扩繁，如果检测结果为阳性，则将保留的瓶苗淘汰。

六 典型性鉴定

新获得的无病毒试管苗，在进一步大量扩繁或工厂化生产前，还需要进行田间试种观察鉴定，将每个无病毒株系的试管苗取出一部分，移栽或诱导成试管薯播种到大田，观察、检验其是否发生了变异，是否符合原品种的全部生物学特性及农艺性状。变异的株系都必须淘汰。

实例二 防虫网室生产微型薯

应用优质合格种薯是提高马铃薯产量的主要途径之一，而加速普及及应用脱毒种薯的关键就是增繁马铃薯脱毒微型薯，建立一套适合当地的、高效低成本的马铃薯脱毒微型薯工厂化生产技术，这对马铃薯生产的意义重大。黑龙江省农垦科学院经济作物研究所建立了一套适合哈尔滨地区的微型薯生产技术。

一 移栽条件

1. 脱毒试管苗准备

将要假植的脱毒试管苗在培养基 MS 上培养 2 周左右，培养条件为：温度 21 ~25℃，光强 3000lx（光照 16h，8h 黑暗）。移栽前把试管苗瓶移至温室炼苗 4 ~5 天。

2. 气候条件

网棚内最低温度不低于6℃，日照时间不低于10h，白天最低温度应超过 15℃。

二 试管苗假植

1. 温室苗床的准备

在温室内，苗床要具有透气保水的功能，苗床底部铺一层纱网，纱网上铺基质，苗床厚度为 10cm，刮平后用清水浇透（手握成团，不滴水为宜），待基质温度提高后即可假植。基质由田园土、草炭、珍珠岩和腐熟牛粪按 2∶1∶1∶1 组成，并且每平方米基质中拌入 40g 磷酸二铵和 20g 硫酸钾，边混合边用 1% 的甲醛溶液进行喷洒消毒，拌匀后盖上塑料薄膜，在阳光下晒 7 天左右，最后揭掉薄膜，放置 2 ~3 天待用。

2. 扦插

将试管苗（以苗高 4 ~5cm 为宜）拔出，洗净根部琼脂，用生根剂处理后扦插。开浅沟栽苗，株行距 10cm ×10cm 或 10cm ×5cm，栽苗深度大于 2cm。大苗宜深，小苗宜浅。做到上齐下不齐。栽后轻轻挤压。栽苗完成后浇透水，并用小拱棚塑料膜覆盖苗床，保温保湿 10 天左右待苗成活长出新根时撤棚，假植后应及时覆盖遮阳网，防止强光直射，散射光有利于缓苗。

三 网棚定植

1. 网棚的准备

每个600m^2 的网棚准备腐熟的牛粪2m^3，牛粪施用前经药剂消毒（50%辛硫磷乳油、多菌灵或百菌清500倍液均匀喷洒），并拌入防治地下害虫的农药后施到棚中，棚内地块旋碎耙平耙细，将微喷或滴灌设施安装调试好，移苗前用80目纱网扣上，移苗前棚内浇1遍透水，待可以下地时再移苗。

2. 扦插苗移栽

待苗床扦插苗长出4～5片新叶后便可移入网棚（大约20天）。密度为行距60cm，株距10～12cm，双行三角形种植，移栽后浇透水，初期注意遮阳防晒。

3. 栽培管理

当移栽苗成活后，先用MS培养基全营养液喷苗1次，进行液面喷施时注意浇水，以免引起烧苗，浇水后起垄，进行第一次培土。30天后根据苗生长情况可用尿素、钾肥等化肥进行叶面喷施。第二次培土是在团棵期进行。根据土壤干湿情况浇水，水分含量应保持在手握成团而不滴水为宜。当植株徒长时应进行化控，即喷多效唑或矮壮素来控制生长。网棚的除草是结合中耕培土来进行的，在不进行培土时，进行人工拔大草，一般2～3次。

四 病虫害防治

一般要求苗成活后每7～10天喷1次防虫药（氧化乐果800～1000倍液，2.5%的功夫300mL/亩），每7天喷1次防早晚疫病农药，如75%达克宁150g/亩、25%阿米西达40g/亩、64%杀毒矾160g/亩、72%克露120g/亩等保护性与治疗性药剂交替使用。若发现虫害应加大剂量，缩短喷药间隔时间，尽快防治。发现早晚疫病应及时拔除病株，同时加大剂量，用不同内吸性治疗剂交替防治，直到控制消灭为止。

五 收获

收获前7～10天停止浇水，让植株自然落黄。如果此期遇到阴雨天气，应及时拔掉植株以防止病害发生。待基质干透后收获微型薯。微型薯收获后按大小分级装袋，写好标签。

实例三 大垄机械化栽培

大垄栽培是指垄底宽80cm以上、垄顶宽30cm、垄体高25cm的“宽行”垄作栽培方式。实施大垄栽培必须建立在土地连片、机械化种植、机械化收获、深翻、深松和整地作业的基础之上，是集优良品种、优质脱毒种薯、合理密度、科学施肥、病害综合防治、田间管理和机械化操作于一体的综合高产生产技术。此技术是借鉴国外成功经验，结合黑龙江省实际生产情况，根据马铃薯生长发育特点总结出的一项新的栽培技术措施。该模式垄体土壤结构疏松，供肥能力强，有利于根系发育，增加结薯率，并具有透光通风，保墒提墒、抗旱防涝，减轻早、晚疫病的发生等优点，有效提高马铃薯的单产、商品薯产量及品质，单产可提高50%以上，大薯率可提高20%以上。

一 选地

选择适合机械作业的连片土地，前茬非茄科作物，土壤疏松肥沃、土层深厚，涝能排水、旱能灌溉，无药害残留，土壤砂质、中性或微酸性的平地与缓坡地块最为适宜。

二 机械准备

马铃薯的机械化生产实质是以机械化种植和机械化收获为主体，配套深耕、深松和中耕培土技术，以达到提高生产效率的目的。

（1）配套动力 机械播种行距受牵引拖拉机轮距限制，80cm以上的大垄栽培需配备50马力以上的大马力拖拉机。动力选型还要根据播种机、收获机等主要配套农具的规格、型号来匹配，以既满足机械作业需要，又不浪费动力为宜。

（2）马铃薯播种机 根据种植规模，可选用进口或国产马铃

薯双行、四行播种机。

(3) 田间管理机械 主要有中耕机、施肥机、打药机、喷灌设备、杀秧机等。

(4) 马铃薯收获机 根据种植规模，可选用进口或国产马铃薯双行、四行挖掘式收获机或联合收获机进行收获作业。

三 整地

做好秋翻、秋整地工作。对壤土层深厚的地块进行深翻时，深度应达到或超过30cm；对壤土层薄的地块进行深翻时，应挂上深松铲。秋整地的作用是打破犁底层，改善土壤环境的理化状态，准备接纳冬季降水（雪）提高土壤持水量。有条件的地方可以结合秋整地时施有机肥，以减少春季作业压力。撒施基肥后，要通过耙地或旋耕以使肥料和土壤充分混合，且地面平整，以达到播种机正常开沟、覆土的要求，为保证播种质量创造良好的条件。

四 播前种薯准备

要选用增产潜力大的早代脱毒种薯。根据计划播种密度进行种薯的准备，马铃薯播种机作业速度较快，种薯消耗量大，因此必须计算好每天播种面积和用种量，提前做好准备，以免影响播种作业速度。

种薯应在播期前20～30天出窖进行困种催芽，种薯上每个芽眼都出现米粒大小的芽时进行切块为好。机械切块和人工切块均可，黑龙江省主要是用人工切块，注意切刀消毒和切块大小，有条件的地方应进行薯块消毒或小灰拌种，切块应在2天内播种。

五 机械播种

播种是马铃薯大垄机械化种植的关键环节，当地温（表土下10cm深处）稳定通过6～7℃时播种较为适宜。机械播种随播随起垄，马铃薯播种深度，不同土质有所区别，一般从薯块顶部到地平面要达到 8cm 左右为宜，播种之后，覆土器随之覆土做成垄，要求从薯块顶部到垄背顶部覆土 15cm 以上，而且薯块应在垄背正中间，不能偏垄，如果出现偏垄会造成减产。垄底宽 80 ~ 90cm，高 25 ~ 30cm，垄坡度 40° ~ 45°，垄顶宽 30 ~ 35cm。下肥（化肥）、下种、覆土、镇压，一次作业完成，防跑墒。株距 18 ~ 23cm，早熟品种保苗 6.75 万 ~ 7.2 万株/ha 为宜，中晚熟品种 5.7 万 ~ 6.45 万株/ha 为宜。力争一次播种保全苗。

六 田间管理和病虫害综合防治

田间管理与病虫害的防治同常规栽培模式。需要注意的是，可使用带有施肥箱的中耕机进行中耕培土，随追肥随中耕。中耕机的犁铲、犁铧要调好入土角度、深度和宽度，做到既不伤苗又培土严实，保证培土厚度。

马铃薯生长期间，须及时用农药控制早疫病、晚疫病，第一次用药在马铃薯现蕾期，以后每次用药间隔 7 ~ 15 天。可用甲霜灵 800 倍液，或 25% 瑞毒霉可湿性粉剂 800 倍液，或 75% 代森锰锌 600 倍液等，注意农药的交替使用，以避免产生抗药性。

七 杀秧

为促进薯皮木栓化，减少植株上新感染的病毒进入块茎以及便于机械收获，在收获前要用杀秧机把秧打碎。将杀秧机调到打下垄顶表土 2 ~ 3cm，以不伤马铃薯块茎为原则，尽量放低，把地表面的秧和表土层打碎，有利于机械收获。

八 机械收获

北方地区一般在 8 月下旬 ~ 9 月上中旬，遇天气晴好，地面干燥时，即可及时组织收获。目前黑龙江省大多数农场使用的马铃薯收获机都属于挖掘式收获机。挖掘式收获机是将垄内薯块翻出经薯土分离后，摆到地面再由人工捡拾。

采用机械收获的关键，一是收获机进地前要调整好犁铲入土的深浅。入土浅了易伤薯块，还收不干净；入土太深则浪费动

力，薯土也分离不好，易丢薯。二是要调整好抖动筛的速度，以保证薯土分离良好并且不丢薯。如果土壤湿度大，收获机可以慢走，使薯土分离开来，不然薯块容易落到土里被埋上。三是要配好捡薯人员，确保收获干净，并根据人工捡拾的速度掌握收获进度。

实例四　福建闽侯县冬种马铃薯稻草包芯高产栽培技术

一　优良品种选择与种薯处理

冬种种薯要选择早中熟品种，要求产量高、大中薯率高，如中薯3号、紫花851、泉引1号等品种。种薯宜选择无病虫害、芽眼多、薯皮光滑的薯块。

如果北方引种未打破休眠时，必须进行催芽处理。催芽时用1层细沙铺底，把种薯堆成3~5cm厚，上面覆盖湿稻草或湿麻袋，3~5天翻动1次，待出芽整齐后，炼芽1~2天再切块、播种。种薯切块大小以20~25g为宜，每个种薯留1~2个芽眼，切块应自脐部纵切，注意不伤芽眼，切刀要用75%酒精消毒，切块种薯用草木灰拌种，以防止水分蒸发。

二　选地与整地

应选择耕层深厚、土壤疏松、肥力中等以上、排灌方便的沙质土或壤土水稻田。避免与茄科类作物连作或集中混种。

种植前精细整地，做到细碎、整齐，并开好四周环沟，以防止积水。整成畦带沟宽110cm，畦垄高30~40cm，畦垄宽70~80cm，畦间沟宽20~25cm。

三　适时播种

马铃薯喜冷凉、不耐高温、怕霜冻，根据当地的气候条件，为了避过苗期受霜冻的危害，一般选择在11月中下旬气温稍降时播种；采用双行三角形种植，行距30cm，株距20~25cm，播种时用小抹壁刀挖1穴，深度以5cm为宜，每穴种1薯，播种密度为 6.75 万穴/ha 以上。播完后在种穴上盖一把火烧土或土杂肥。剩余的种薯种在田头，用于补苗。播种后用乙草胺 1.5kg/ha 兑水 900kg 喷雾于畦面，以防治杂草。

四 稻草包芯与中耕培土

播种后 7 天，顺着畦面在畦中间均匀覆盖 1 层稻草，用草量为 3000～3750kg/ha。随即结合清沟进行第一次培土盖住稻草，培土厚度 5～8cm；当株高 10～15cm 时进行第二次培土；封垄前进行第三次培土。培土应尽量培宽培厚。

五 肥水管理

施足基肥是马铃薯夺取高产的关键。基肥以有机肥为主、化肥为辅，施用量占全生育期的 2/3 以上，一般开沟条施腐熟人畜粪 15t/ha、过磷酸钙 375kg/ha、氯化钾或硫酸钾 300kg/ha。当幼苗出土 80%～90%，应重施 1 次速效提苗肥，用三元复合肥 150kg/ha + 尿素 30～45kg/ha 兑水 22.5t 进行淋施。在现蕾期施 1 次结薯肥，可用三元复合肥 225kg/ha 施于植株周围，化肥不能沾到叶片和直接接触根部。

为了防徒长，在现蕾期酌情用 15% 多效唑（525g/ha 兑水 900kg）均匀喷雾。马铃薯不同生育期对水分的需求不同，但总体要求全生育期保持土壤湿润。一般采取随灌随排的跑马水方式。从下种前到幼苗期，若遇冬春旱少雨，沟底要灌半沟水，保持土壤湿润；封行期间，要特别注意保持水分充足，若遇干旱，要及时灌足水。现蕾后，应经常保持畦面湿润状态。生育后期，要注意开沟排水。

六 预防霜冻

预防霜冻天气的危害，可在马铃薯现蕾初期每公顷用 15% 多效唑 525g 兑水 900kg 均匀喷雾，以增强植株抗寒能力。遇有霜冻天气，可在田地的上风处堆火烟熏，并注意灌水保持土壤湿润，减轻霜冻危害。

七 病虫害防治

苗期注意虫害，主要是地老虎和蚜虫，地老虎可用48%乐斯本600～800倍液灌根，或50%辛硫磷乳油1000倍液喷雾防治；蚜虫可用10%吡虫啉3000倍液喷雾防治。中后期正值雨季，主要是做好晚疫病、青枯病等病害的防治，尤以晚疫病危害最重。从封行期开始到田间检查，特别是遇阴雨有雾的天气更容易发生病害，一旦发现个别病株，要及时挖除，并用甲霜灵800倍液，或25%瑞毒霉可湿性粉剂800倍液，或75%代森锰锌600倍液，或70%乙铝锰锌可湿性粉剂600倍液于晴天露水干时喷雾防治，间隔7～10天喷1次，连喷2～3次。几种农药最好交替使用，以减少抗药性。青枯病以预防为主，田间发现病株时，要连土整株拔除，同时在病穴及周围撒石灰消毒，全田喷施72%农用链霉素3000倍液，并且把拔除的植株在远离田块处集中焚烧处理。

八 适时收获

当马铃薯植株茎叶开始褪绿，基部叶片开始枯黄脱落时，要及时收获。收获宜选在晴天进行，要尽量减少损伤，以提高商品率。收获后要放在阴暗通风的地方，薄摊晾干，避光贮藏，避免薯块见光变绿，影响品质。

实例五　山东早春马铃薯三膜覆盖高产栽培技术

山东省是中国马铃薯单产水平最高的省份之一，其相应的高产栽培技术也比较完善。马铃薯三膜覆盖栽培是早熟防寒高效栽培技术之一，不仅能使马铃薯提早上市，实现高产高效；还可以提前收获，为下茬作物提供充足的生育时间，以提高下茬作物产量。三膜覆盖是指在塑料大棚内再加一层小拱棚以及地面覆盖一层地膜的栽培形式，其技术要点如下：

一 播前准备

1. 选地与整地

一般选用沙壤土或壤土，排水性较好的地块，要选择有水浇条件的地块。前茬作物以葱、蒜、萝卜等为好，忌重茬，不可与茄科蔬菜连作。秋季深耕，耕后打糖收墒，要求达到地面平整、无前茬根系，并在土壤封冻前南北向搭好塑料大棚骨架。

2. 盖棚增温

由于1月份播种时正处于气温最低的时期，土壤冻结，无法播种，所以播种前要提早扣棚膜来提高地温。一般提早15天左右扣棚。大棚一般采用高1.8～2.4m、跨度5～10m、长60～80m。

3. 施肥

棚盖好土壤解冻后，结合整地施充分腐熟的优质圈肥75t/ha、过磷酸钙600～750kg/ha、尿素300～450kg/ha、硫酸钾300kg/ha。

4. 起垄覆膜

起垄带一般幅宽1.0m，垄面宽70cm，沟宽30cm，垄高10～15cm，采用幅宽120cm的地膜。覆膜前浇水造墒。为防杂草顶膜，造墒后可施用除草剂，用50%乙草胺乳油1200～2250mL/ha，兑水750kg/ha，全地面均匀喷雾2～3cm，然后全地面覆盖地膜。

二 品种选择与种薯处理

1. 优良品种选择

选择适应市场需求的早熟、优质、结薯集中的品种，如鲁引1号、荷兰7号、尤金等。选用合格健康无病种薯、播种时能够自然通过休眠。

2. 种薯处理

(1) 催芽方法 催芽时间应比播种时间提早25～30天。采用层积法于温暖地方进行催芽。在催芽期间要经常进行检查。发现湿度过大或有腐烂薯块时，应及时扒出薯块晾晒一下，然后继

续催芽。当芽长达到3cm左右时，将薯块拣出来晾在室内，温度在2～5℃范围内使之得到低温锻炼并变绿后再播种。

（2）切块 切块大约30g，每个切块上至少带1个芽眼。注意切块不要太小，以免出苗、生长势弱；也不能切成薄片形，容易因失水皱缩，影响发芽出苗，同时还应注意切刀消毒。

三 播种技术

1. 播种时间

适宜播种期因不同年份、地区略有差异。山东省一般可于1月中旬前后播种。

2. 栽培方式

一般使播种行向与大棚的走向一致，这样便于管理。采用单垄双行栽培，垄宽80～90cm，株距25～30cm。按上述行距开5～7cm浅沟，施入肥料并与土壤掺匀，浇足底水后播种。播种时将种芽顺垄沟方向，并与垄沟底平行摆放。培土厚度为8～12cm，根据土壤类型来决定。沙质土壤覆土厚，黏质土壤覆土浅。培好垄以后覆盖地膜和小拱棚。于幼苗出土前在膜上均匀地覆盖厚度2cm的细土。

四 管理措施

1. 温度管理

播种后出苗前白天温度不要低于30℃，夜间不要低于20℃。当苗出全以后，应及时降低棚温进行炼苗，以提高植株抵御低温的能力。白天保持在15～20℃，不超过25℃，夜间保持在8～10℃，不低于5℃。遇到剧烈降温天气，夜间密闭大棚，然后在棚内熏烟可以减轻冻害。

2. 通风管理

通风的目的是调节空气湿度和棚内温度。当棚内潮湿过大，或浇水后要进行通风。如果白天棚内温度达到30℃以上，也要进行通风。通风的方法是在棚的两边离地面1.5m处将薄膜揭开缝隙即可。缝隙的大小根据棚内温度高低来决定。

3. 肥水管理

苗出全后需要进行第一次浇水。植株长到 20～25cm 时进行第二次浇水，现蕾时浇第三次水。以后保持土壤湿润状态。收获前 10 天停止浇水。第一次浇水和现蕾期浇水结合追肥。追肥包括苗期追施尿素 102.5～150kg/ha，现蕾期追施复合肥 375～450kg/ha。

4. 病害防治

在有利于晚疫病、早疫病发病的低温高湿天气，用 5% 百菌清可湿性粉剂 500 倍液 2.25～3.75kg/ha，或 58% 甲霜灵锰锌可湿性粉剂 800 倍液 1.80～2.25kg/ha，交替喷施预防，每 7 天左右喷 1 次，连续 3～7 次；青枯病、环腐病发病初期用 72% 农用链霉素可溶性粉剂 4000 倍液 210～420g/ha，或 3% 中生菌素可湿性粉剂 800～1000 倍液灌根，隔 10 天灌 1 次，连续灌 2～3 次；发现蚜虫用粘虫板，或用 5% 抗蚜威可湿性粉剂 1000～2000 倍液 375～600g/ha，或 10% 吡虫啉可湿性粉剂 1000～1500 倍液喷雾，或 20% 甲氰菊酯乳油 3000 倍液喷雾，间隔 7～10 天，共喷 2～3次。

五 适时收获

早熟品种一般出苗 60 天即可收获，也可根据市场的需求情况灵活掌握收获时间。收获应选择晴天、土壤干爽时进行，应避免强光暴晒，避免薯块损伤，影响商品性。

附录　常见计量单位名称与符号对照表

量的名称	单位名称	单位符号
长度	千米	km
	米	m
	厘米	cm
	毫米	mm
	微米	μm
面积	公顷	ha
	平方千米（平方公里）	km^2
	平方米	m^2
体积	立方米	m^3
	升	L
	毫升	mL
质量	吨	t
	千克（公斤）	kg
	克	g
	毫克	mg
物质的量	摩尔	mol
时间	小时	h
	分	min
	秒	s
温度	摄氏度	℃
平面角	度	(°)

（续）

量的名称	单位名称	单位符号
能量，热量	兆焦	MJ
	千焦	kJ
	焦［耳］	J
功率	瓦［特］	W
	千瓦［特］	kW
电压	伏［特］	V
压力，压强	帕［斯卡］	Pa
电流	安［培］	A

参考文献

[1] 陈伊里，石瑛，秦昕. 北方一作区马铃薯大垄栽培模式的应用现状及推广前景 [J]. 中国马铃薯，2007 (5)：296-298.

[2] 陈伊里，王凤义，吕文河，等. 马铃薯高产栽培技术 [M]. 哈尔滨：黑龙江科学技术出版社，1997.

[3] 高明杰，刘洋，罗其友，等. 2014—2015 年中国马铃薯产销形势分析 [M]//陈伊里. 马铃薯产业与现代可持续农业. 哈尔滨：哈尔滨工程大学出版社，2015.

[4] 黑龙江省农业科学院马铃薯研究所. 中国马铃薯栽培学 [M]. 北京：中国农业出版社，1994.

[5] 金黎平，罗其友. 我国马铃薯产业发展现状和展望 [M]//陈伊里，屈冬玉. 马铃薯产业与农村区域发展. 哈尔滨：哈尔滨地图出版社，2013.

[6] 谢开云，屈冬玉，金黎平. 马铃薯良种及栽培关键技术（彩插版）[M]. 北京：中国三峡出版社农业科教出版中心，2006.

[7] 科学技术部中国农村技术开发中心. 脱毒马铃薯高产新技术 [M]. 北京：中国农业科学技术出版社，2006.

[8] 连文顷. 春种马铃薯稻草包芯高产栽培技术 [J]. 福建农业科技，2012 (3)：45-46.

[9] 林作龙. 冬种马铃薯稻草包芯高产栽培技术 [J]. 现代农业科技，2012 (17)：87，89.

[10] 卢翠华，邸宏，张丽莉. 马铃薯组织培养原理与技术 [M]. 北京：中国农业科学技术出版社，2009.

[11] 卢翠华，石瑛，陈伊里，等. 马铃薯生产实用技术 [M]. 哈尔滨：黑龙江科学技术出版社，2003.

[12] 门福义，刘梦芸. 马铃薯栽培生理 [M]. 北京：中国农业出版社，1995.

[13] 屈冬玉，金黎平，谢开云. 中国马铃薯产业 10 年回顾 [M]. 北京：中国农业科学技术出版社，2010.

[14] 屈冬玉，谢开云. 中国人如何吃马铃薯 [M]. 北京：八方文化创作室，2008.

[15] 全国农业技术推广服务中心．马铃薯病虫防治分册［M］．北京：中国农业出版社，2009.

[16] 孙慧生．马铃薯育种学［M］．北京：中国农业出版社，2003.

[17] 谭宗九，丁明亚，李济宸．马铃薯高效栽培技术［M］．北京：金盾出版社，2010.

[18] 王云龙．马铃薯栽培技术研究［J］．北京农业，2015（2）：171.

[19] 谢开云，何卫，曲纲．马铃薯贮藏技术［M］．北京：金盾出版社，2011.

[20] 玉兰，李静．马铃薯的储藏技术［J］．作物栽培，2013（2）：42-43.

[21] 张丽萍．马铃薯栽培技术与贮藏管理［J］．云南农业，2012（5）：1.

[22] 张文解，王成刚．马铃薯病虫害诊断与防治［M］．兰州：甘肃科学技术出版社，2010.

[23] 邹奎，金黎平．马铃薯安全生产技术指南［M］．北京：中国农业出版社，2012.

读者信息反馈表

亲爱的读者：

您好！感谢您购买《马铃薯高效栽培》一书。为了更好地为您服务，我们希望了解您的需求以及对我社图书的意见和建议，愿这小小的表格为我们架起一座沟通的桥梁。

姓　　名		从事工作及单位		
通信地址			电　话	
E-mail			QQ	

1. 您喜欢的图书形式是

□系统阐述　□问答　□图解或图说　□实例　□技巧　□禁忌　□其他________

2. 您能接受的图书价格是

□10～20元　□20～30元　□30～40元　□40～50元　□50元以上

3. 您认为该书采用双色印刷是否有必要？

○是　○否

4. 您觉得该书存在哪些优点和不足？

5. 您觉得目前市场上缺少哪方面的图书？

6. 您对图书出版的其他意见和建议？

您是否有图书出版的计划？打算出版哪方面的图书？

为了方便读者进行交流，我们特开设了种植交流QQ群：336775878，欢迎广大种植朋友加入该群，也可登录该群下载读者意见反馈表。

请联系我们——

地　　址：北京市西城区百万庄大街22号　机械工业出版社技能教育分社（100037）

电话：（010）88379243　88379761　传真：68329397

E-mail：31797450@qq.com